U0183094

# E-COMMERCE STORAGE SYSTEM IN ACTION

## Architecture Design and Massive Data Processing

# 电商存储系统实战

## 架构设计与海量数据处理

李玥◎著

图书在版编目（CIP）数据

电商存储系统实战：架构设计与海量数据处理 / 李玥著 . -- 北京：机械工业出版社，2021.12（2024.1 重印）
ISBN 978-7-111-69741-1

I. ①电… II. ① 李… III. ①数据存贮 IV. ① TP333

中国版本图书馆 CIP 数据核字（2021）第 253571 号

# 电商存储系统实战：架构设计与海量数据处理

出版发行：机械工业出版社（北京市西城区百万庄大街 22 号 邮政编码：100037）
责任编辑：杨绣国　　责任校对：马荣敏
印　　刷：固安县铭成印刷有限公司　　版　　次：2024 年 1 月第 1 版第 2 次印刷
开　　本：170mm×230mm 1/16　　印　　张：15
书　　号：ISBN 978-7-111-69741-1　　定　　价：89.00 元

客服电话：（010）88361066 68326294

# Preface 前　言

## 换一种方式学习存储系统

你好，我是李玥，很高兴在这里遇见你。

我的从业经历比较丰富，曾在传统 IT 行业做过大量的企业级 toB 系统，转战互联网后，又曾带领创业团队体验过从 0 到 1 创业的艰辛，见证过互联网高速增长的高光时刻，也经历过数年电商大促的洗礼。近年来，我主要从事基础架构领域（包括一些存储系统和中间件等）的技术工作。简单地说，我是一个“造轮子”的程序员。

在工作过程中，我接触过很多系统。不同系统的业务各不相同，有做社交的，有做电商的，还有做内容的。规模也大小不一，有的系统规模很小，也有像 BAT 使用的“巨无霸”系统。在构建这些系统时，我遇到过各种各样的问题。但总结之后我发现了一个“神奇”的规律：凡是那些特别难解决的、需要付出巨大代价的，或者损失惨重的技术问题，几乎都可以归结为存储系统的问题。

其实，这个规律并不神奇，它也是有原因的。

总体来说，各种业务系统几乎都属于 MIS（管理信息系统，有的大学还开设了这个专业）范畴。顾名思义，管理信息系统就是管理信息的系统。

这里的信息其实就是数据。不管系统的业务是什么，最终都要落到对信息的管理上，通俗地说，系统最终的业务功能都会落到数据上。

只要数据是正确的，其他的问题基本上都是小问题。数据错了、丢了，以及数据处理不及时，才是会造成惨重损失的大问题。

可见，用于承载数据的存储系统非常重要，如果能够构建一个安全可靠、快速稳定的存储系统，那么在该基础之上构建的业务系统，才能让人更为放心。

综上所述，存储是系统中最重要、最关键的组成部分，没有之一。

## 需要关注存储系统的哪些特点

我们常用的存储系统种类非常多，有单机的也有分布式的，有的是数据库，有的是文件系统，还有介于二者之间的。无论是哪种存储系统（比如，MySQL、Redis、Elasticsearch，等等），它们都具有如下三个特点。

第一个特点是难用。难用体现在哪些方面呢？对于应用程序来说，存储的作用是安全可靠地保存数据，在我们需要的时候能够快速存取。遗憾的是，目前几乎没有一种存储系统能够满足这个简单的要求。

对于存储系统难用的特性，业内有一个非常形象的比喻：开着车去商场购物，到了停车场发现这里不能存车，只能存零件，必须先把车子拆散，然后把这些零件分门别类地打上标签存放到停车场对应的货架上，走的时候再把零件逐一取出来进行组装。

听起来似乎很可笑，但是仔细想想我们正在使用的这些存储系统，其提供的功能就是如此。应用程序里管理的数据都是对象，但是，大多数存储系统不能直接存储对象。下面就以 MySQL 为例进行说明。存取一个对象时，必须把对象转换成 MySQL 表中的行，还得编写 SQL 语句才能完成存取操作。是不是很难用？不仅难用，而且还必须用好。要想用好，需要学习和掌握其中的方法和技巧。

第二个特点是慢。近年来，分布式存储在业内的发展非常迅速，每隔一段时间就会诞生一种新的数据库，不管功能如何，它们无一例外都会与MySQL这样的传统数据库进行性能测试对比，以彰显自己速度快、性能好。

不过，有句俗话："一个人越炫耀什么，说明内心越缺少什么。"这句话也同样适用于技术圈。不断有新的存储系统刷新性能纪录，恰恰说明了现有的存储系统性能不尽如人意。经过良好优化的业务系统，其性能瓶颈一定是存储。从性能的角度来说，存储系统就是整个系统中最短的那块板，存储系统有多慢，整个系统就会有多慢。如何优化存储性能，从而让整个系统运转如飞，这其中包含了很多方法、技巧和经验，需要我们学习和掌握。

第三个特点是杂。存储与其他成熟的技术领域不同，后者基本上都是以一两种方案为主，比如，Java开发基本上是以Spring为主，再比如，开发中使用的Web容器，存放静态页面以Nginx为主，存放动态页面以Tomcat为主。但存储大不相同，目前已有的广泛应用于生产系统中的存储系统的种类非常多。

MySQL、Redis、Elasticsearch、HBase、Hive、MongoDB、CockroachDB和S3等，这些存储系统谁都替代不了谁，每一种都有其所擅长的地方和适用的场景，当然也有其突出的短板。因此，我们需要学习和掌握如何根据业务系统的特点选择合适的存储系统来构建我们的系统。

## 学习存储系统的最佳实践

由于存储系统具有"难用、慢、杂"这几大特点，因此我们学习起来更需要注重方法。如何学习才能更为高效呢？答案是实践，从问题入手。

存储涉及大量的理论知识和概念，比如，构成存储引擎的哈希表、树等数据结构，以及这些数据结构的时间复杂度，这些往往都是偏理论范畴的知识，学习起来不容易理解和记忆。并且，理论和实践之间往往存在非常大的差距，"懂了一堆道理，却还是写不好代码"是一个很普遍的现象。

我撰写的这本书将会为大家讲解实践中经常会遇到的各种问题，以及对应的解决方法，同时还会穿插相应的知识和原理解说。希望这种学习方式，既可以帮读者快速解决实际问题，又能帮读者提升相应的技能，进而在存储系统的技术领域构建自己的知识框架。

本书将以电商应用场景为例，从 0 到 1 讲解应该如何构建不同规模的存储系统。

书中每章都会解决一两个实战问题，比如：为什么在数据量和访问量都不大的情况下，MySQL 还是很慢？数据库宕机了应该怎么办？等等。

为什么本书要以电商系统为例进行讲解呢？因为电商系统具有很强的代表性，特别适合作为研究和学习的案例。不仅是本书，很多培训学校、技术论坛也都特别喜欢讨论电商系统。

首先，电商系统的覆盖面足够广。特别是在互联网行业，几乎所有的公司都在做两件事情：电商和社交。

其次，以电商系统作为案例，直接就能学以致用。因为电商系统具有很高的复杂性，所以你在其他业务中可能遇到的技术问题，在电商系统中基本上都会遇到，即使你面对的业务与电商关系不大，也一样具有借鉴意义。

最后，所有人都很熟悉电商业务领域。以电商系统作为案例，基本上不需要再讲解相关的业务知识，我们可以快速专注于技术问题本身。

即使是同一个电商系统，不同的规模所需要解决的问题也不一样。不少技术人员崇尚海量数据和高并发，认为只有大企业的高并发、海量数据的核心系统或者底层存储系统，才是真正“有技术含量”的系统，能胜任这种系统的开发者，才是真正的技术能人。这其实是一种对技术认知的误解。为什么这么说呢？因为并不是规模小的系统就简单，规模大的系统才有难度。

创业团队需要快速、低成本地实现完整的系统，以便快速验证其商业模式。处于高速增长期的团队，所面临的问题主要是业务的高速增长和不断变化，相应地，团队也要对系统不停地进行升级改造来适应变化，并且在变化的过程中要确保系统的稳定性。至于业务规模足够大的企业，它们需要解决的问题是如何应对高并发的海量数据。

所以说，不同规模的系统，在技术上并没有难易之说，更没有高低贵贱之分，它们的建设目标不一样，所面临的挑战不一样，需要解决的问题也不一样，对于存储系统的选择和架构设计自然也是不一样的。

本书的章节设计就是按照系统的发展过程，分成设计、高速增长、海量数据和技术展望四篇。

在设计篇中，我们将重点解决从 0 到 1 的问题。例如，如何低成本、高质量地快速构建一个小规模的订单存储系统。

在高速增长篇中，我们将重点关注在快速变化的过程中系统所遇到的共通问题，以及应对这些问题的方法。例如，如何从单机存储系统逐步演进为分布式存储系统，如何在线平滑地扩容存储系统。

在海量数据篇中，我们将重点解决在高并发、海量数据的情况下应该如何设计存储系统的问题。例如，如何存储海量的埋点数据，如何在各种数据库之间实时地迁移和同步海量数据，等等。

在技术展望篇中，我们将重点探讨在存储技术领域，有哪些新技术值得关注，哪些技术可能会成为未来的发展趋势，等等。毕竟，不断创新是技术发展的原动力。

读完本书后，你不仅可以学习到案例中那些解决具体问题的方法，而且在电商系统架构、存储系统的设计等方面，也会有所收获。

更重要的是，通过案例来学习常用的数据库和存储系统的实现与使用方法，有助于我们更好地总结存储系统最通用、最本质的技术原理。了解了存储系统的本质，我们不仅会在应对问题时更加从容，而且会对存储的理解上升一个层次，从“知道怎么用”升级为“知道为什么这样用”，最终做到“活学活用”。

一段新旅程即将开始，在开始正式学习之前，我还想再说一下我的想法：技术的发展使技术的使用变得越来越简单，但是作为有理想、有情怀的开发者，不能让技术把我们变得越来越“简单”。很开心能与大家一起开始这段旅程，持续地丰富自己，也希望我们都能不负时光，认真对待这段学习之旅。

# 目　　录 *Contents*

## 第二篇 高速增长

# 第三篇 海量数据

第一篇 Part 1

# 设　　计

- 第1章　如何设计电商系统
- 第2章　订单系统的设计：确保订单数据的准确性
- 第3章　商品系统的存储架构设计
- 第4章　购物车系统的存储架构：前后端混合存储
- 第5章　账户系统：用事务解决对账问题
- 第6章　分布式事务：保证多个系统间的数据一致
- 第7章　用Elasticsearch构建商品搜索系统
- 第8章　备份与恢复

本书的内容从一个电话开始。

某一天，一个曾经认识但并不是很熟悉的老板突然打来一通电话：

“我有一个改变世界的想法，就差一个程序员了！”

“我有门路，一旦产品做出来，很快就能赚钱！”

“很多管理者都对我这个想法非常感兴趣，只要我让他们看到咱们的产品，他们都会抢着投资的！”

“你可以技术入股，你就是咱们新公司的CTO，将来公司上市了，股份少不了你的！”

“那我们怎么改变世界呢？”你问出了唯一的一个问题。

“我在某某行业有资源，现在这个行业的交易还很原始，我们只要能做出这个行业的某宝网，很快就可以覆盖全国的业务！”

听起来非常有道理！新公司很快就成立了，你也顺理成章地成为新公司的CTO，只是暂时还没有下属。既然公司成立了，我们就应该把业务系统搭建起来。

……

在设计篇中，我们将关注在从0到1构建一个电商系统的过程中，所构建的系统会遇到哪些与存储相关的问题，并提供相应的解决方法。在解决这些问题的过程中，我们将学到电商领域相关的存储知识，并建立起初步的领域知识框架。

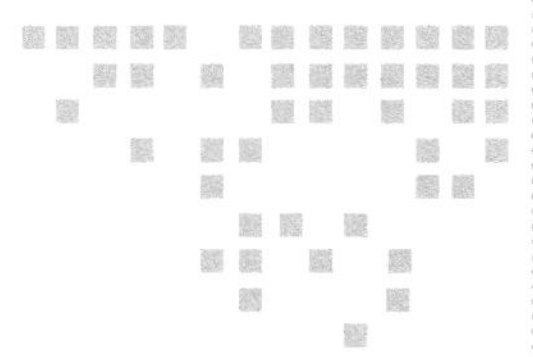

第 1 章 Chapter 1

# 如何设计电商系统

电商业务与我们的生活息息相关，大家可能对电商多少也有一些了解，事实上，即使是一个最小化的电商系统，也依然是非常复杂的。所以，我们先花一点时间，一起以一个创业公司的 CTO 的视角，设计一个最小化的电商系统，并以此理清电商系统的架构。让大家对电商系统的业务逻辑、系统架构、核心业务流程有一个基本的认知。这之后的学习就不用再解释什么是电商的业务和系统了，直接讲解具体的技术问题即可。

新公司很快就成立了，你成了新公司的 CTO。关于改变世界，目前唯一能确定的是，首先要做一个电商系统。具体要做成什么样，目前还不清楚。你需要与老板讨论业务需求。

你："咱们要做的业务模式是 C2C、B2C 还是 B2B 呢？"

老板："什么 B ？什么 C ？我不懂你说的那些技术名词。"

你："这么说吧，你要做一个某宝网，还是某东网，还是某 848 网呢？"

老板："不都是一样的吗？它们之间有什么区别？你赶紧做一个出来我看看不就知道了？！"

故事发展到这里，作为程序员的你是不是有一种似曾相识的感觉？现实就是，需求永远不明确，永远在变化，唯一不变的只有变化。优秀的程序员适应变化，并且拥抱变化。在需求还不太明确的情况下，比较可行的方案就是，首先搭建不太会发生变化的核心系统，然后尽量简单地实现一个最小化的系统，后续再逐步迭代和完善。

## 1.1 设计电商系统的核心流程

接下来，我们一起设计这个电商的核心系统。

遵照软件工程的一般规律，我们先从需求阶段开始。那么，需求分析应该如何做呢？理想情况下，系统分析师或产品经理应该负责完成需求分析的任务。但是，现实中绝大多数情况下，你得到的所谓的“需求”，很有可能就是一两句话。需求分析的工作最终往往是由开发者完成的。

很多项目交付以后，仍需要不断地进行修改和变更，用户不满意，开发者也很痛苦，造成这个问题的根本原因其实就是缺失了需求分析的步骤。所以，为了后续工作能够顺利开展，每位开发者都应该掌握一些用于需求分析的方法。那么，开发者进行需求分析时应该做些什么呢？这里先不介绍那些做需求分析的方法和理论，只告诉你最重要、最关键的一个点：不要一上来就设计功能，而是先明确下面这两个问题的答案。

1）这个系统（或者功能）是给哪些人用的？

2）这些人使用这个系统是为了解决什么问题？

这两个问题的答案，我们称之为业务需求。那么，对于我们将要设计的电商系统，其业务需求又是什么呢？如果大家很熟悉电商的业务，那么回答这两个问题应该很容易。

第一个问题，电商系统是给哪些人用的？首先是买东西的人，即“用户”；其次是卖东西的人，即“运营”；还有一个非常重要的角色就是出钱的人，即“管理者”（请记住，在设计任何一个系统的时候，管理者的意见都是非常重要的）。综上所述，电商系统是面向用户、运营和管理者开发的。

第二个问题，用户、运营和管理者使用电商系统分别想要解决什么问题？这个也很容易回答，用户为了买东西，运营为了卖东西，管理者需要通过系统了解自己所得的收益。

这两个问题的答案，或者说业务需求，稍加细化后，可以用图1-1进行清晰的表述。

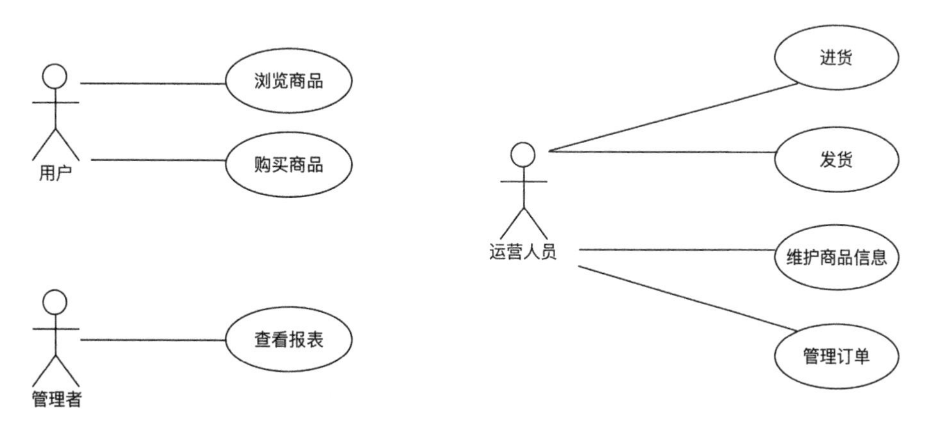


图1-1　电商系统用例图

图1-1在UML（统一建模语言）中称为用例图（Use Case），是我们进行需求分析的时候所要画的第一张图。用例图可用于回答业务需求中的两个关键问题，即这个系统给谁用？他们用这个系统是为了解决什么问题？

一般来说，业务需求与我们要设计的系统关系不大。为什么这么说呢？因为我们将图1-1中的用例，放在传统的商业企业（比如，一个小杂货铺、一个线下实体商场或商店，或者一个做电视购物的公司）中也是适用的，所以，做业务需求的主要目的是理清楚业务场景是怎样的。

下面就来分析电商系统的业务流程。很显然，电商系统最主要的业务流程，一定是购物流程。购物流程很简单，具体流程如图1-2所示。

所有电商的购物流程几乎都是如此，下面就来分析一下这个流程。

流程从用户选购商品开始，用户首先在App中浏览商品，找到心仪的商品之后，把商品添加到购物车，选完商品之后，打开购物车，提交订单。

下单结算之后，用户就可以支付了。支付成功后，运营人员会为已经支付的订单发货，为用户邮寄相应的商品。最后，用户收到商品并确认收货。至此，一个完整的购物流程就结束了。

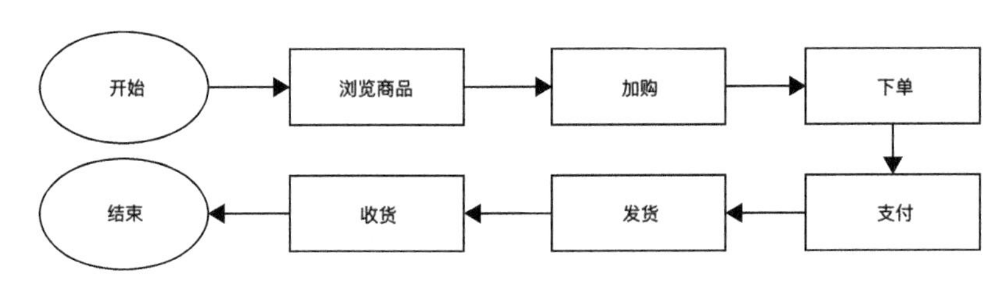


图 1-2 电商系统购物流程图

## 1.2 根据流程划分功能模块

接下来，我们再进一步细化电商购物的业务流程，看一下电商系统是如何实现该流程的。图 1-3 所示的是细化之后的电商系统购物流程时序图（Sequence Diagram）。

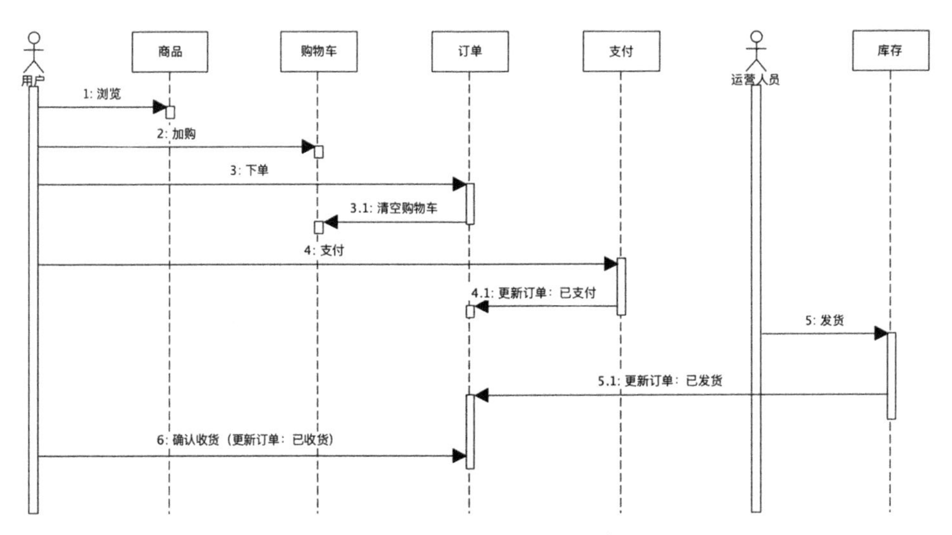


图 1-3 电商系统购物流程时序图

下面就来详细讲解图 1-3 所示的时序图中的各个步骤。

1）用户浏览商品，这个步骤需要通过一个商品模块来展示商品详情页，用户可以从中获取所浏览商品的详细介绍和价格等信息。

2）然后，用户把选好的商品加入购物车，这个步骤需要使用一个购物车模块来维护用户购物车中的商品。

3）接下来是用户下单，这个步骤需要基于一个订单模块来创建新订单。订单创建好了之后，系统需要把订单中的商品从购物车中删减掉。

4）订单创建完成后，系统需要引导用户付款，即发起支付流程，可通过一个支付模块来实现支付功能，用户成功完成支付之后，系统需要把订单的状态变更为“已支付”。

5）成功支付之后，运营人员就可以发货了，发货之后，系统需要扣减对应商品的库存数量，这个步骤需要基于一个库存模块来实现库存数量的变更，同时系统还需要把订单状态变更为“已发货”。

6）最后，用户收到商品，在系统中确认收货，系统需要把订单状态变更为“已收货”，流程结束。

这个流程涉及5大功能模块，即商品、购物车、订单、支付和库存，这5大模块就是一个电商系统中的核心功能模块。

当然，仅有这5个模块是不够的，因为我们只分析了“购物”这个最主要的流程，并没有完全涵盖业务需求中的全部用例，比如，运营人员进货、管理者查看报表等还没有覆盖到。相比购物流程，剩下的几个用例和流程都相对简单一些，我们可以采用同样的方法来分析其他的功能模块。这里将省略分析过程，直接给出我们所要实现的电商系统的功能模块划分（如图1-4所示）。

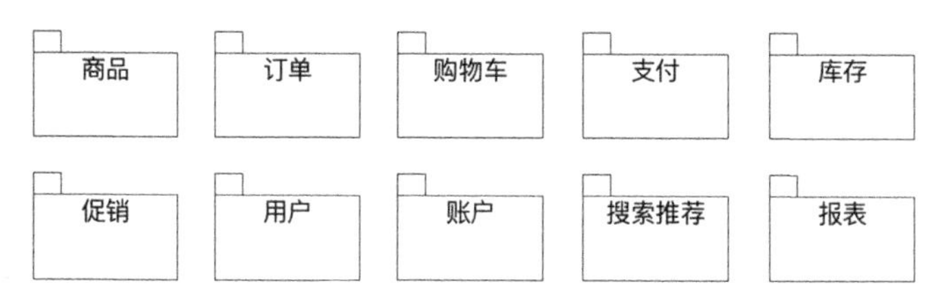


图1-4　电商系统功能模块划分

图 1-4 使用了 UML 中的包图（Package Diagram）来表示电商系统的功能模块。整个系统按照功能，可以划分为 10 个模块，除了购物流程中涉及的商品、订单、购物车、支付和库存这 5 个模块之外，还补充了促销、用户、账户、搜索推荐和报表这 5 个模块，这些都是构建一个电商系统必不可少的功能模块。下面就来逐一说明每个模块需要实现的功能。

- 商品：维护和展示商品的相关信息。
- 订单：维护订单信息和订单状态，计算订单金额。
- 购物车：维护用户购物车中商品的信息。
- 支付：负责与系统内外部的支付渠道对接，实现支付功能。
- 库存：维护商品的库存信息。
- 促销：制定促销规则，计算促销优惠信息。
- 用户：维护系统的用户信息，注意，用户模块是一个业务模块，一般不负责用户的登录和认证，这是两个完全不同的功能。
- 账户：账户模块负责维护用户的账户信息。
- 搜索推荐：提供商品搜索功能，并负责各种商品列表页和促销页的组织和展示，简单地说就是，搜索推荐决定用户优先看到哪些商品。
- 报表：实现数据统计和分析功能，生成报表，为管理者进行经营分析和决策提供数据信息。

这里需要特别说明的是，促销模块是电商系统中最复杂的一个模块。各种优惠券、满减、返现等促销规则，每一条都非常复杂，再加上这些规则往往还要叠加计算，有时甚至会复杂到连制定促销规则的人都算不清楚。所有电商公司无一例外都曾因为促销规则制定失误，导致商品实际售价远低于成本价，使公司受到一定程度的损失。尽管如此，五花八门的促销活动依然是提升销量最有效的手段，因此需要充分利用。

作为电商系统的设计者，我们需要把促销规则的变化和复杂性控制在促销模块内部，不能因为一个促销模块而导致整个电商系统都变得非常复杂，否则设计和实现将会很难。

一种可行的做法是，把促销模块与其他模块的接口设计得相对简单和固定，这样系统的其他模块就不会因为新的促销规则改变而随之进行改变。在创建订单时，订单模块需要把商品和价格信息传给促销模块，促销模块返回一个可以使用的促销列表，用户选择对应的促销和优惠，订单模块把商品、价格、促销优惠等信息，再次传给促销模块，促销模块再返回促销之后的价格。在最终生成的订单中，系统只需要记录订单使用了哪几种促销规则，以及最终的促销价格就可以了。这样，无论促销模块如何变化，订单和其他模块的业务逻辑都不需要随之改变。

至此，我们就完成了一个电商系统的概要设计，大家对电商系统应该也有了一个初步的了解。

## 1.3 小结

下面就来回顾一下一个电商系统的设计中所包含的核心要点。

首先，电商系统面向的角色是：用户、运营人员和管理者。这三个角色对电商系统的需求是：用户通过系统来购物，运营人员负责商品的销售，管理者关注系统中的经营数据。电商系统最核心的流程是用户购物的流程，购物流程从用户浏览选购商品开始，加购、下单、支付、运营人员发货、用户确认收货，至此电商系统的购物流程结束。

细化这个流程之后，我们可以分析出支撑这个流程的核心功能模块：商品、订单、购物车、支付和库存。除此之外，一个完整的电商系统还包括促销、用户、账户、搜索推荐和报表这些必备的功能模块。

作为一名开发者，在做需求分析的时候，需要把握的一个要点是：不要一上来就设计功能，而是要先理清业务需求。这也是本章反复强调的两个问题：这个系统是给哪些人用的？他们分别用这个系统来解决什么问题？这样就可以确保做出来的系统大体上不会偏离用户的预期。

最后，在讲解系统功能模块划分的时候，介绍了一个能够有效降低系统复杂度的设计经验。那就是，如果系统业务是复杂而多变的，那么请尽量识别出这部分复杂业务的边界，将复杂业务控制在一个模块内部，从而避免将这种复杂度扩散到整个系统中去。

本章的主要目的是让大家了解电商的组成模块。在后续的章节中，随着这个电商系统的发展壮大，我们将一起经历并解决这个过程中遇到的与存储有关的各种技术问题。

## 1.4 思考题

完成了概要设计之后，接下来就进入技术选型阶段了。作为公司的 CTO，请思考，这个电商系统的技术选型应该是什么样的？

- 使用哪种编程语言和技术栈？
- 需要哪些第三方的框架和云服务？
- 我们最关心的存储系统该如何选型？

第 2 章 Chapter 2

# 订单系统的设计：确保订单数据的准确性

由于订单系统是整个电商系统中最重要的一个子系统，因此订单数据可以算作电商企业最重要的数据资产。本章就来讨论，在设计和实现一个订单系统的过程中，在数据存储层面，有哪些问题是需要特别考虑的。

对于一个合格的订单系统，最基本的要求是什么？数据不能出错。

用户的每一次购物，从下单开始到支付、发货，再到收货，流程中的每个环节，都需要同步更新订单数据，每次更新操作都需要同时更新好几张表。这些操作可能会随机分发到不同的服务器节点上执行，服务器或网络都有可能会出问题，在这么复杂的情况下，想要保证订单数据一笔都不出错，是不是很难？实际上，只要掌握了方法，想要做到这一点其实并不难。

第一，代码必须是正确的，没有 Bug，如果是因为代码 Bug 而导致数据错误，那么我们需要尽快修复这些 Bug。Bug 导致的数据错误不在本章的讨论范围之内。

第二，要能够正确地使用数据库事务。比如，在创建订单的时候，如果需要同时在订单表和订单商品表中插入数据，那么我们必须在一个数据库事务中执行这些插入数据的 INSERT 语句，数据库事务可以确保：执行需要同时进行的操作语句时，要么一起成功，要么一起失败。关于如何使用数据库事务和分布式事务，本书后面的章节会有专门的讲解。

即使满足了上面列举的这两个基本要求，某些特殊情况也仍然可能会引发数据错误，本章将会讲解由于一些特殊情况而引发的数据错误问题，并讨论如何解决这些问题。

在此之前，我们需要首先了解对于一个订单系统而言，它的核心功能和数据结构是怎样的。由于任何一个电商系统，其订单系统的功能都是独一无二的，都基于其业务配置了非常多的功能，并且都很复杂。因此我们在讨论订单系统的存储问题时，需要化繁为简，只聚焦那些最核心的、共通的业务功能和数据模型，并且以此为基础，讨论存储的技术问题。

## 2.1 订单系统的核心功能和数据

本节首先简单梳理一下一个订单系统所必备的功能，其包含但远远不限于如下功能。

- 创建订单。
- 随着购物流程更新订单状态。
- 查询订单，包括用订单数据生成各种报表。

为了支撑这些必备功能，数据库中至少需要具备如下 4 张订单系统核心表。

- 订单主表：也称订单表，用于保存订单的基本信息。
- 订单商品表：用于保存订单中的商品信息。
- 订单支付表：用于保存订单的支付和退款信息。
- 订单优惠表：用于保存订单使用的所有优惠信息。

图 2-1 展示了这 4 张核心表之间的关联关系。

这 4 张表之间的关系如下：订单主表与后面的几个子表都是一对多的关系，关联的外键就是订单主表的主键，即订单 ID。绝大部分订单系统的核心功能和数据结构都是这样的。

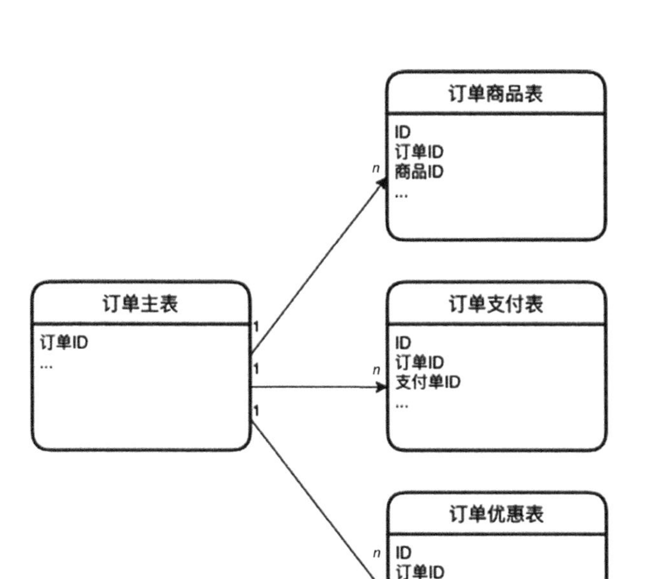


图 2-1　订单系统核心表

## 2.2　如何避免重复下单

接下来，我们看一下订单创建的场景：订单系统为用户提供创建订单的 HTTP 接口，用户在浏览器页面上点击“提交订单”按钮，浏览器向订单系统发送一条创建订单的请求，订单系统的后端服务收到请求，向数据库的订单表中插入一条订单数据，至此，订单创建成功。

下面假设用户在点击“提交订单”的按钮时，不小心点了两下，那么浏览器就会向服务端连续发送两条创建订单的请求，最终的结果将会是什么？答案是创建了两条一模一样的订单。这样肯定是不行的，因此我们还需要做好防重工作。

可能有人会说，前端页面上应该防止用户重复提交表单，但是即使用户不重复提交，网络错误也有可能会导致重传，很多 RPC 框架和网关都拥有自动重试机制，所以对于订单服务来说，重复请求的问题是没有办法完全避免的。

解决办法是，让订单服务具备幂等性。那么，什么是幂等性呢？幂等操作的特点是，其任意多次执行所产生的影响，均与一次执行所产生的影响相同。也就是说，对于幂等方法，使用同样的参数，对它进行多次调用和一次调用，其对系统产生的影响是一样的。所以，不用担心幂等方法的重复执行会对系统造成任何改变。如果创建订单的服务具备幂等性，那么无论创建订单的请求发送了多少次，正确的结果都是，数据库只有一条新创建的订单记录。

这里又会涉及一个不太好解决的问题：对于订单服务来说，如何判断收到的创建订单的请求是不是重复请求呢？

在插入订单数据之前，先查询一下订单表里面有没有重复的订单，是不是就可以做出判断了呢？这个方法看起来容易，实际上却很难实现。原因是，我们很难通过 SQL 的 WHERE 语句来定义“重复的订单”，如果订单的用户、商品、数量和价格都一样，是否就能认为它们是重复订单呢？答案是不一定，有可能用户就是连续下了两个一模一样的订单呢。

很多电商系统解决这个问题的思路是，利用数据库的唯一约束来判断数据是否重复。

在数据库的最佳实践中，其中一条是要求数据库的每个表都有主键，绝大部分数据表都遵循这个最佳实践。一般来说，我们在向数据库的表中插入一条记录的时候，是不用提供主键的，而是在插入的同时由数据库自动生成一个主键。这样，重复的请求就会导致插入重复的数据。

表的主键是自带唯一约束的，如果我们在一条 INSERT 语句中提供了主键，并且这个主键的值已经存在于表中，那么这条 INSERT 语句就会执行失败，数据也不会成功插入表中。我们可以利用数据库的这种“主键唯一约束”特性，在插入数据的时候带上主键，来解决创建订单服务的幂等性问题。

具体做法如下：首先，为订单系统增加一个“生成订单号”的服务，这个服务没有参数，返回值就是一个新的、全局唯一的订单号。在用户进入创建订单的页面时，前端页面会先调用这个生成订单号的服务得到一个订单号，在用户提交订单的时候，在创建订单的请求中带着这个订单号。

这个订单号就是订单表的主键，这样，无论是用户原因，还是网络原因等各种情况导致的重试，这些重复请求中的订单号都是相同的。订单服务在订单表中插入数据的时候，这些重复的INSERT语句中的主键，都是同一个订单号。数据库的主键唯一约束特性就可以保证，只有一次INSERT语句的执行是成功的，这样就实现了创建订单服务的幂等性。

为了便于理解，笔者将上述的幂等创建订单的流程绘制成了如图2-2所示的时序图。

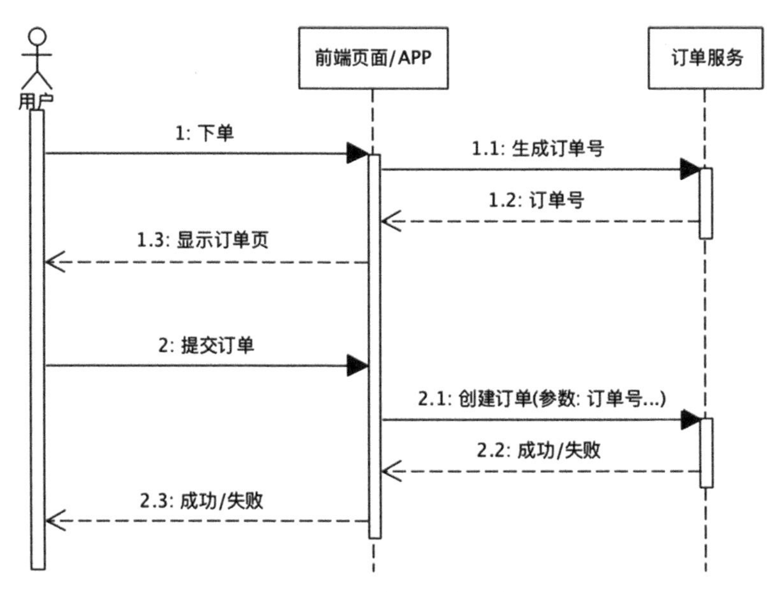


图2-2 幂等创建订单时序图

还有一点需要注意的是，如果是因为重复订单导致插入订单表的语句失败，那么订单服务就不要再把这个错误返回给前端页面了。否则，就有可能会出现这样的情况：用户点击创建订单按钮后，页面提示创建订单失败，而实际上订单已经创建成功了。正确的做法是，遇到这种情况，订单服务直接返回“订单创建成功”的响应即可。

## 2.3 如何解决 ABA 问题

订单系统中，各种更新订单的服务同样也需要具备幂等性。

更新订单的服务，比如，支付、发货等这些步骤中的更新订单操作，最终都会落到订单库上，都是对订单主表进行更新操作。数据库的更新操作，本身就具备天然的幂等性，比如，把订单状态从未支付更新成已支付的操作，无论是执行一次还是重复执行多次，订单状态都是已支付，不用我们额外设置任何逻辑，这就是天然幂等性。

那么，在实现这些更新订单的服务时，还有哪些问题需要特别注意的吗？在并发环境下，我们需要特别注意 ABA 问题。

什么是 ABA 问题呢？下面通过一个例子来说明。比如，订单支付完成之后，商家会发货，发货完成后需要填写快递单号。假设商家填了一个单号 666，刚填完，发现填错了，赶紧修改成正确的单号 888。对于订单服务来说，这里就产生了两个更新订单的请求。

正常情况下，订单中的快递单号会先更新成 666，再更新成 888，这是没有问题的。那对于不正常的情况呢？比如，更新成 666 的请求到了，快递单号更新成 666，然后更新成 888 的请求到了，快递单号又更新成 888。但是订单服务在向调用方返回 666 更新成功的响应时，这个响应在网络传输过程中丢失了。如果调用方没有收到成功响应，就会触发自动重试逻辑，再次发起更新成 666 的请求，快递单号将会再次更新成 666，这种情况下数据显然就会出错了。这就是 ABA 问题的一种场景。

关于 ABA 问题的具体时序图可以参考图 2-3。

那么，ABA 问题应该怎么解决呢？下面为大家提供一个比较通用的解决方案。为订单主表增加一列，列名可以叫 version，也就是“版本号”的意思。每次查询订单的时候，版本号需要随着订单数据返回给页面。页面在更新数据的请求时，需要把该版本号作为更新请求的参数，再带回给订单更新服务。

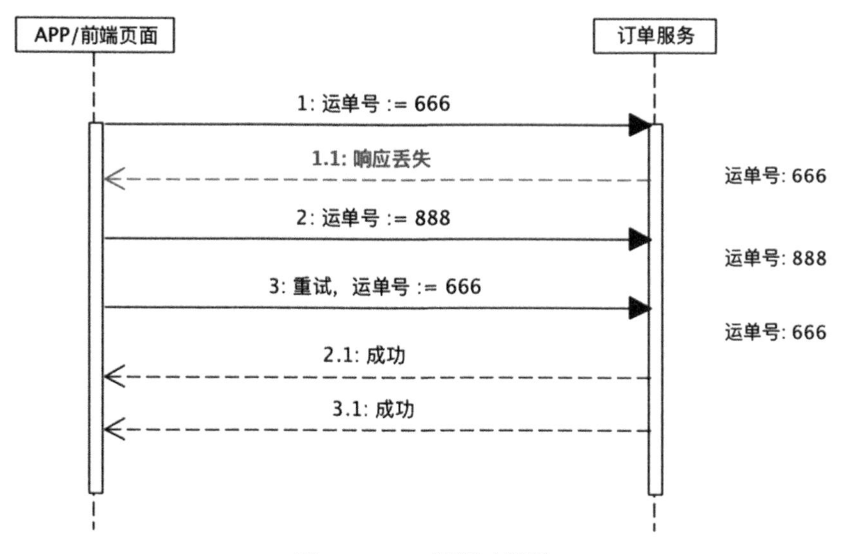


图 2-3　ABA 问题时序图

订单服务在更新数据的时候，需要比较订单当前数据的版本号与消息中的版本号是否一致，如果不一致就拒绝更新数据。如果版本号一致，则还需要在更新数据的同时，把版本号加 1。需要特别注意的是，“比较版本号、更新数据和把版本号加 1”这个过程必须在同一个事务里面执行，只有这一系列操作具备原子性，才能真正保证并发操作的安全性。

具体的 SQL 语句如下：

```
UPDATE orders set tracking_number = 666, version = version + 1
WHERE version = ?;
```

在这条 SQL 语句的 WHERE 条件中，“version”的值需要页面在更新的时候通过请求传进来。

这个版本号的机制可用于保证，从打开某条订单记录开始，一直到这条订单记录更新成功，这期间不会存在有其他人修改过这条订单数据的情况。因为如果被其他人修改过，数据库中的版本号就会发生改变，那么更新订单的操作就不会执行成功，而只能重新查询新版本的订单数据，然后再尝试更新。

现在再回过头来看一下，上文列举的ABA问题的例子在版本号机制下会出现什么结果？依据实际操作的时序不同，可能会出现如下两种情况。

1）第一种情况，把运单号更新为666的操作成功之后，如果更新为888的请求带着旧版本号，那么该请求更新失败，页面会对此进行提示。

2）第二种情况，把运单号更新为666的操作成功之后，如果更新为888的请求带着最新的版本号，那么更新成功。这时如果重试的666请求再来也会更新失败，虽然它与上一条666请求带着相同的版本号，但888请求更新成功后，这个版本号已经发生了改变，所以重试请求的更新必然失败。

无论是上述哪种情况，数据库中的数据与页面上给用户的反馈都是一致的。这样就可以实现幂等更新，以及避免ABA问题。图2-4所示的时序图展示的是第一种情况，第二种情况与之差不多。

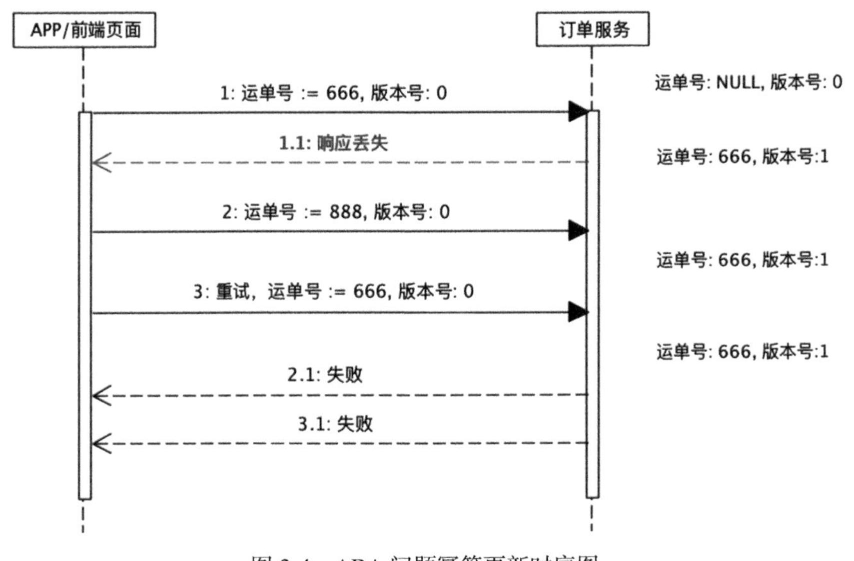


图2-4　ABA问题幂等更新时序图

## 2.4　小结

本章主要介绍了实现订单操作幂等性的方法。

因为网络、服务器等导致的不确定因素，重试请求是普遍存在且不可避免的问题。具有幂等性的服务可以克服由于重试问题而导致的数据错误。

对于创建订单的服务，可以通过预先生成订单号作为主键，然后利用数据库中“主键唯一约束”的特性，避免重复写入订单，实现创建订单服务的幂等性。对于更新订单的服务，可以通过一个版本号机制，即在每次更新数据之前校验版本号，以及在更新数据的同时自增版本号这样的方式来解决 ABA 问题，以确保更新订单服务的幂等性。

通过这样两种具备幂等性的实现方法，我们可以保证，无论是不是重复请求，订单表中的数据都是正确的。当然，本章讲到的实现订单幂等性的方法，在其他需要实现幂等性的服务中也完全可以套用，只需要这个服务操作的数据保存在数据库中，并且数据表带有主键即可。

## 2.5　思考题

实现服务幂等性的方法，远不止本章介绍的这两种。请思考，在你负责开发的业务系统中，能不能利用本章所讲的方法来实现服务幂等性？除了这两种方法以外，还有哪些实现服务幂等性的方法？

Chapter 3 第3章

# 商品系统的存储架构设计

本章将探讨如何设计一个快速、可靠的商品系统存储架构。

电商的商品系统所包含的主要功能就是增、删、改、查商品信息，业务逻辑比较简单，支撑的主要页面就是商品详情页。尽管如此，在设计商品系统的存储架构时，仍然需要着重考虑如下两个方面的问题。

第一，需要考虑高并发的问题。不管是哪种电商系统，商品详情页一定是整个系统中DAU(Daily Active User，日均访问人数）最高的页面之一。商品详情页DAU高的原因与用户使用电商App的习惯息息相关，绝大部分用户浏览完商品详情页之后不一定会购买，但购买之前一定会浏览很多同类商品的详情页，正所谓“货比三家”。所以商品详情页的浏览次数要远高于系统的其他页面。如果在设计商品系统的存储架构时，没有考虑到高并发的问题，那么在电商系统举办大促活动的时候，海量的浏览请求会在促销开启的那一刻同时涌向我们的系统，支撑商品详情页的商品系统必然是第一个被流量冲垮的系统。

第二，需要考虑商品数据规模的问题。商品详情页的数据规模，可以总结为如下六个字：数量多，体量大。

为什么说“数量多”？在国内一线的电商平台中，SKU（Stock Keeping Unit，库存单元，在电商行业也可以直接将其理解为“商品”）的数量大约在几亿到几十亿这个量级。当然，实际上并没有这么多种。商品数量级这么大的原因有很多，比如，同一个商品通常会有数种不同的版本型号，再比如，商家为了促销需要，可能会反复上下架同一个商品，或者为同一个商品加上不同的“马甲”，这些原因都导致了 SKU 数量巨大。

为什么说“体量大”？我们可以打开一个商品详情页看一下，从上一直拉到底，看看页面有多长？一般来说都在 10 个屏幕高度左右，并且这其中不仅包含了大量的文字，还会包含大量的图片和视频，甚至还包含了 AR/VR 的玩法。所以说，每个商品详情页都是一个“大胖子”。

商品系统的存储架构，需要保存这么多的“大胖子”，还要满足高并发的需求，任务非常艰巨。

## 3.1 商品系统需要保存哪些数据

本节就来讨论商品详情页需要保存哪些信息，下面将商品详情页里的所有信息都总结在了图 3-1 所示的思维导图中。

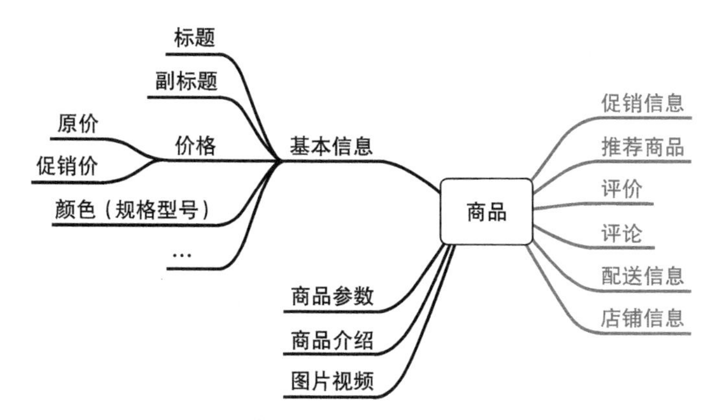


图 3-1 商品详情页所含信息思维导图

在图 3-1 中，右边灰色部分所列举的信息，均来自电商平台的其他系统，我们暂且不讨论；左边黑色部分所列举的信息，都是商品系统需要存储的内容。

那么，应该如何存储这么多内容呢？能不能像保存订单数据那样，设计一张商品表，把这些数据全部存放进去？或者说，一张表存不下就再加几张子表，这样存储行不行？其实并不是不可以，现今的一线电商企业，在发展的早期阶段采用的就是这种存储结构。而现今它们所采用的复杂的分布式存储架构，都是在发展的过程中逐步演进而来的。

用数据库表存储的好处就是“糙、快、猛”，简单、可靠而且容易实现，但是缺点是，表能支撑的数据量有限，以及无法满足高并发的需求。如果只是低成本且快速构建一个小规模的电商，这可能会是相对比较合理的选择。

当然，规模一旦变大，就不能再采用数据库表存储这种简单粗暴的方案了。如果不能用数据库，那么我们应该选择哪种存储系统来保存这么复杂的商品数据呢？在目前的情况下，任何一种存储方案都无法完全满足需求，最好的解决方案是分而治之，即把商品系统需要存储的数据，按照特点分成商品基本信息、商品参数、图片视频和商品介绍几个部分，分别进行存储。

## 3.2 如何存储商品的基本信息

首先，我们分析一下商品的基本信息，其中主要包括商品的主副标题、价格、颜色等一些最基本、最主要的属性。这些属性都是固定的，不太可能会因为需求改变或不同的商品而变化。而且这部分数据不会太大，所以，建议在数据库中建一张表来保存商品的基本信息。

然后，我们还需要在数据库前面加一个缓存，以帮助数据库抵挡绝大部分的读请求。可以使用 Redis 或 Memcached 实现缓存，这两种存储系统都是基于内存的 KV（Key-Value）存储，都能很好地解决问题。

接下来我们简单说一下，如何使用前置缓存来缓存商品数据。

处理商品信息的读请求时，需要先到缓存中查找，如果找到对应的商品信息，就直接返回缓存中的数据。如果在缓存中没找到，就去数据库中查找，然后把从数据库中查到的商品信息返回给页面，同时把数据存放在缓存中。更新商品信息的时候，在更新数据库的同时，缓存中的相关数据也要一并删除。否则就有可能会出现如下这种情况：数据库中的数据发生了改变，而缓存中的数据没有变，商品详情页上看到的还是旧数据。这种缓存更新的策略，称为 Cache Aside，是一种最简单实用的缓存更新策略，适用范围也最广。如果想要缓存数据，若无特殊情况，则应该首先考虑使用 Cache Aside 策略。除了 Cache Aside 以外，还有 Read/Write Through、Write Behind 等几种策略，分别适用于不同的情况，后面的章节会有专门的讲解。

设计商品基本信息表的时候，需要特别注意的一点是，一定要记得保留商品数据的每一个历史版本。因为商品数据是随时变化的，但是订单中关联的商品数据，必须是下单那个时刻的商品数据，这一点很重要。解决方案是，为每个历史版本的商品数据保存一个快照，可以创建一个历史表保存到 MySQL 中，也可以保存到一些 KV 存储中。

## 3.3　使用 MongoDB 保存商品参数

本节就来分析如何保存商品参数，商品参数就是商品的特征，比如，电脑的内存大小、手机的屏幕尺寸、酒的度数、口红的色号，等等。与商品的基本属性一样，参数也是结构化的数据。关于参数，需要解决的一个难题是，不同类型的商品，其参数是完全不一样的。

如果要设计一个商品参数表，那么这个表所要包含的字段就太多了，并且每增加一个品类的商品，这个表就要加入新的字段，所以这个方案行不通。既然一个表不能解决问题，那就每个类别分别建一张表。比如，建一个电脑参数表，其中包含的字段有 CPU 型号、内存大小、显卡型号、硬盘大小，等等；再建一个酒类参数表，其中包含的字段有酒精度数、香型、产地，等等。如果品类比较少（在 100 个以内），那么用几十张表分别保存不同品类商品参数的做法也是可以的。但是这并不是一个很好的解决方法，那么还有没有更好的方法呢？

大多数数据库，都要求数据表要有一个固定的结构，但有一种数据库没有这个要求，特别适合用于保存像“商品参数”这种属性不固定的数据，这个数据库就是 MongoDB。MongoDB 是一个面向文档存储的 NoSQL 数据库，在 MongoDB 中，表、行、列对应的概念分别是 collection、document、field，这些概念总体上可以一一对应，但会有一些细微的差别。为了便于理解，我们不必拘泥于具体的文字表达，下文还是用“表、行、列”来说明。

MongoDB 最大的特点是，它的“表结构”是不需要事先定义的。其实，在 MongoDB 中根本就没有表结构。由于没有表结构，因此 MongoDB 可以把任意数据都放在同一张表里，甚至还可以在一张表里保存商品数据、订单数据、物流信息这些结构完全不同的数据。除此之外，MongoDB 还支持按照数据的某个字段进行查询。

它是怎么做到的呢？ MongoDB 中的每一行数据，只是简单地把数据转化成 BSON 格式后存在存储层中，BSON 就是一种更紧凑的 JSON。所以，即使是在同一张表中，每一行数据的结构也可以是不一样的。当然，这种灵活性也是需要付出代价的，MongoDB 不支持 SQL、多表联查，且对复杂事务的处理能力比较弱，不太适合用来存储一般的数据。

不过，MongoDB 可以很好地满足商品参数信息数据量大、数据结构不统一等特性，而且我们也不需要对商品参数进行事务和多表联查，因此 MongoDB 简直就像是为了保存商品参数量身定制的数据库一样。

## 3.4 使用对象存储保存图片和视频

图片和视频由于所占用的存储空间比较大，因此一般的存储方式是，在数据库中只保存图片和视频的 ID 或 URL，实际的图片和视频则以文件的方式单独存储。

现今，图片和视频的存储技术已经非常成熟了，首选的方式是保存在对象存储（Object Storage）中。各大云厂商都提供了对象存储服务，比如，国内的七牛云、AWS 的 S3，等等，除此之外，还有开源的对象存储产品，比如，MinIO 可以私有化部署。虽然每个产品的 API 各不相同，但功能大同小异。

对象存储可以简单理解为一个无限容量的大文件 KV 存储，它的存储单位是对象，其实就是文件，可以是一张图片、一个视频，也可以是其他任何文件。每个对象都有一个唯一的键（key），通过这个键，我们可以随时访问对应的对象。对象存储的基本功能包括写入、访问和删除对象，大部分对象存储不支持修改对象的内容。

云服务厂商的对象存储大多提供了客户端 API，可以在 Web 页面或 App 中直接访问，而不用通过后端服务来中转。这样，App 和 Web 页面在上传图片和视频的时候，可以直接保存到对象存储中，然后把对应的键保存在商品系统中就可以了。访问图片和视频的时候，真正的图片和视频文件，也不需要经过商品系统的后端服务进行读取，而是在 Web 页面上通过对象存储提供的 URL 直接访问，这种方式既省时省力又节约带宽。而且几乎所有的对象存储云服务都自带 CDN（Content Delivery Network，内容分发网络）加速服务，响应时间比直接请求业务的服务器更短。

国内很多云厂商提供的对象存储，对图片和视频都进行了大量有针对性的优化。其中最有用的是缩放图片和视频转码，只需要把图片和视频存放到对象存储中，就可以随时获得任意尺寸大小的图片，视频也会自动转码成各种格式和码率的版本，适配各种 App 和场景，使用体验非常好。

## 3.5 将商品介绍静态化

商品介绍在商品详情页中所占的比重是最大的，其中包含了大量的带格式文字、图片和视频。图片和视频自然要存放在对象存储中，而关于商品介绍的文本，则一般是随着商品详情页一起静态化，保存在 HTML 文件中。

什么是静态化呢？静态化是相对于动态页面来说的。一般来说，部署到 Tomcat 中的 Web 系统，返回的都是动态页面，即服务端程序在处理 Web 请求时动态生成的页面。比如，用户在 App 或 Web 页面打开一个商品详情页时，一个带着相应的 SKUID 参数的 HTTP 请求将被发送到后端的 Web 服务中，也就是 Tomcat 中的商品详情页模块。然后这个 Web 服务将访问各种数据库、调用其他微服务获取数据，将该商品详情页中的数据动态拼在一起，返回给浏览器。

不过，现在基本上已经没有系统再采用上述这种方式了。因为对于每个 SKU 的商品详情页，每次动态生成的页面内容都是完全一样的，而且还会多次生成，上述方式不仅浪费服务器资源，而且速度还慢。更关键的问题是，Tomcat 能支撑的并发量，与 Nginx 完全不是一个数量级的。

由于商品详情页的绝大部分内容都是商品介绍，这部分内容基本上是不会频繁改变的，因此一个比较好的解决方案是事先就生成好页面的内容，将其保存成一个静态的 HTML 文件，访问商品详情页的时候，直接返回该 HTML 文件即可。这就是静态化。

商品详情页静态化之后，不仅可以节省服务器资源，还可以利用 CDN 加速，把商品详情页放到离用户最近的 CDN 服务器上，让商品详情页的访问变得更快。至于商品价格、促销信息等这些需要频繁变动的信息，由于不能将其静态化到页面中，因此可以在前端页面，使用 AJAX 请求商品系统动态获取。这样就既兼顾了静态化带来的优势，也能解决商品价格等信息需要实时更新的问题。

## 3.6 小结

本章主要介绍了商品系统分而治之的存储架构。商品系统的存储需要保存商品的基本信息、商品参数、图片和视频，以及商品介绍等数据。商品的基本信息和商品参数分别保存在 MySQL 和 MongoDB 中，用 Redis 作为前置缓存，图片和视频存放在对象存储中，商品介绍则随着商品详情页一起静态化到 HTML 文件中。

总结下来，商品系统的存储结构可以用图 3-2 来描述。

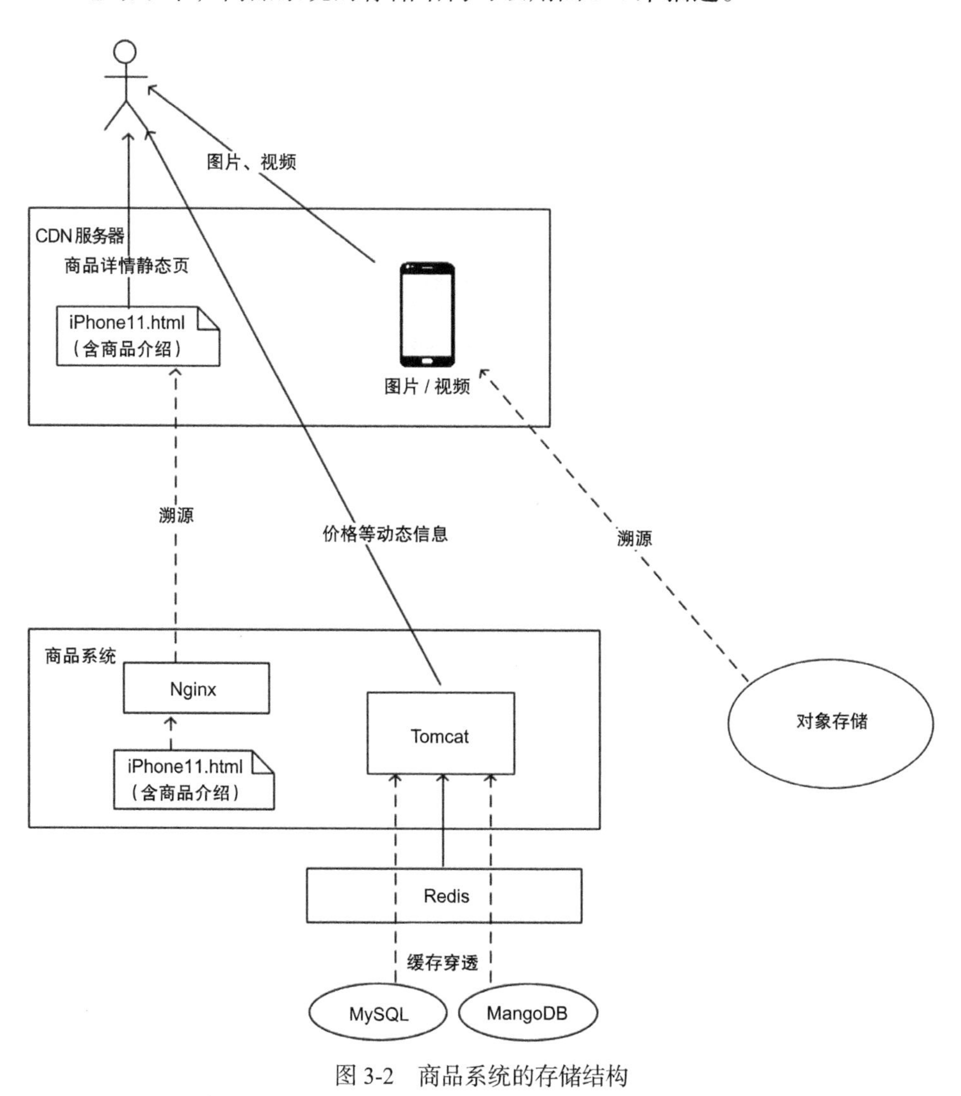


图 3-2 商品系统的存储结构

这样一个商品系统的存储结构，其最终的效果是怎样的？图 3-2 中的实线表示每访问一次商品详情页，需要真正传输的数据；虚线表示当商品详情页的数据发生变化时，才需要进行传输的数据。用户打开一个 SKU 的商品详情页时，首先会去 CDN 获取商品详情页的 HTML 文件，然后访问商品系统获取价格等会频繁发生变化的信息，这些信息可以从 Redis 缓存中获取。图片和视频信息，则是从对象存储的 CDN 中获取。

下面就来分析一下效果。数据量最大的图片、视频和商品介绍都是从离用户最近的 CDN 服务器上获取的，速度快，且节约带宽。真正需要触达商品系统的请求，只是价格等需要动态获取的商品信息，一般情况下做一次 Redis 查询就可以了，基本上不会有请求到达 MySQL 中。综上所述，商品系统的存储架构把大部分请求都转移到了既便宜速度又快的 CDN 服务器上，因此这种架构方式可以用少量的服务器和带宽资源支撑起大量的并发请求。

## 3.7 思考题

如果用户在下单的同时，正好赶上商品调价，就有可能会出现这样的情况：商品详情页中显示的价格明明是 10 元，下单后，却变成 15 元。系统是不是在暗中操作？这种意外会给用户带来非常不好的体验。千万不要以为这只是一个小概率事件，当系统的用户足够多的时候，每时每刻都有很多人在下单，这几乎是一个必然出现的大概率事件。

请思考，这个问题该如何解决？

第 4 章 Chapter 4

# 购物车系统的存储架构：前后端混合存储

本章讨论如何设计购物车系统的存储架构。

首先，我们来看一下购物车系统的主要功能是什么。购物车系统主要用于在用户选购商品时暂存用户想要购买的商品。购物车系统对数据可靠性的要求不高，对性能也没有特别的要求，在整个电商系统中，看起来是相对比较容易设计和实现的一个子系统。购物车系统主要包含如下三个功能。

- 把商品加入购物车。
- 展示购物车列表页，发起结算下单。
- 在所有界面显示购物车的小图标。

为了支撑购物车系统的这几个功能，存储模型应该如何设计呢？直观地分析，只要一个“购物车”实体就够了。那么，购物车实体包含的主要属性又有哪些呢？下面我们打开一个电商系统（以京东为例）的购物车界面进行对照分析。如图 4-1 所示，购物车实体的主要属性包括 SKUID（商品 ID）、数量、加购时间和勾选状态。

其中，“勾选状态”属性，即购物车界面中每件商品前面的那个小对号，表示在结算下单时是否要包含这件商品。至于商品的价格和总价，以及商品介绍等信息，可以从电商的其他系统中实时获取，不需要购物车系统专门保存。

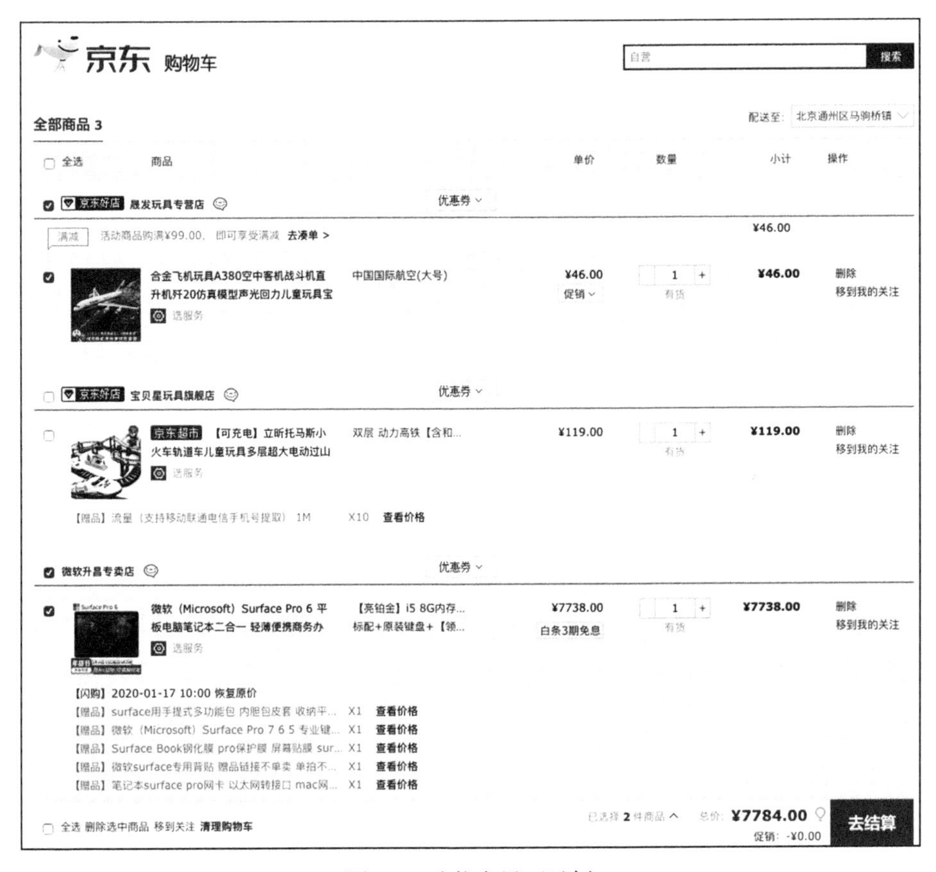


图 4-1 购物车界面示例

注：图片来源于网络，仅供本文介绍、评论及说明所用。

虽然购物车的功能很简单，但是在设计购物车系统的存储时，仍然有一些特殊的问题需要考虑，下面就来探讨这些问题。

## 4.1 设计购物车系统的存储架构时需要把握什么原则

请思考下面这几个问题。

1）如果用户没有登录购物网站，而是直接在浏览器中将商品加入购物车，那么关闭浏览器后再次打开购物网站，刚才加入购物车的商品是否还在？

2）如果用户没有登录购物网站，而是直接在浏览器中将商品加入购物车，然后再登录，那么刚才加入购物车的商品是否还在？

3）关闭浏览器后再打开，第 2 步中加入购物车的商品是否还在？

4）再打开手机 App，用相同的用户账号登录，第 2 步中加入购物车的商品是否还在？

下面先简单解释一下这四个问题。

1）即使用户没有登录购物网站，加入购物车的商品信息也会保存在用户的电脑里，这样关闭浏览器后再打开，购物车的商品仍然存在。

2）如果用户先加入购物车，再登录购物网站，那么登录前加入购物车的商品就会自动归并到用户名下的购物车中，所以登录后购物车中仍然有登录前加入购物车的商品。

3）关闭浏览器之后再打开，这时登录状态又会变为未登录，因为之前未登录时加入购物车的商品信息已经归并到刚刚登录的用户名下了，所以购物车是空的。

4）使用手机 App 登录相同的用户账号，看到的就是该用户的购物车，这时无论是在手机 App、电脑还是微信中登录，只要是相同的用户，看到的就是同一个购物车，所以第 2 步中加入购物车的商品是存在的。

上述四个问题的答案如表 4-1 所示。

**表 4-1　购物车问题与答案**

| 问　　题 | 正确答案 |
| --- | --- |
| 如果用户没有登录购物网站，而是直接在浏览器中将商品加入购物车，那么关闭浏览器后再次打开购物网站，刚才加入购物车的商品是否还在？ | 存在 |
| 如果用户没有登录购物网站，而是直接在浏览器中将商品加入购物车，然后再登录，那么刚才加入购物车的商品是否还在？ | 存在 |
| 关闭浏览器后再打开，第 2 步中加入购物车的商品是否还在？ | 不存在 |
| 再打开手机 App，用相同的用户账号登录，第 2 步中加入购物车的商品是否还在？ | 存在 |

如果你之前没有设计或开发过购物车系统，那么可能不会想到还要考虑这么多细节问题。作为一个开发者，如果无法把这些问题考虑清楚，那么用户在使用购物车的时候，就会感觉这个购物车系统很不好用，不是加购的商品莫名其妙地不见了，就是购物车莫名其妙地多出了一些商品。要想解决上面这些问题，其实只要在设计存储架构时把握如下3个原则就可以了。

1）如果未登录，则需要暂存购物车中的商品。

2）用户登录时，系统需要把暂存在购物车中的商品合并到用户的购物车中，并且清除暂存的购物车。

3）用户登录后，购物车中的商品需要在浏览器、手机App和微信等终端中保持同步。

实际上，购物车系统需要保存两类购物车，一类是未登录情况下的“暂存购物车”，另一类是登录后的“用户购物车”。

## 4.2 如何设计“暂存购物车”的存储

本节就来讨论暂存购物车的存储该如何实现。暂存购物车的数据应该保存在客户端还是服务端？如果保存在服务端，那么每个暂存购物车都需要有一个全局唯一的标识，这个标识并不太容易设计，而且还会浪费服务端的资源。所以，将暂存购物车的数据保存在客户端会更好，既可以节约服务器的存储资源，也不用考虑购物车标识的问题，因为各个客户端只需要保存自己唯一一个购物车就可以了，所以不需要额外标识。

客户端可以选择的存储并不多，只有Session、Cookie和LocalStorage，其中，浏览器的LocalStorage与App的本地存储类似，下面就以LocalStorage为代表进行讲解。暂存购物车的数据存在哪里最合适呢？保存在Session中是不太合适的，因为Session的保留时间较短，而且Session的数据实际上还是保存在服务端。剩余的两种存储Cookie和LocalStorage都可以用来保存购物车数据，选择哪种方式更好呢？答案是各有优劣。

在上述场景中，使用Cookie和LocalStorage最关键的区别是，客户端与服务端的每次交互都会自动带着Cookie数据往返，这样服务端就可以读写客户端Cookie中的数据了，而LocalStorage中的数据只能通过客户端访问。

使用Cookie存储，实现起来比较简单。在加减购物车、合并购物车的过程中，由于服务端可以读写Cookie，因此全部逻辑都可以在服务端实现，而且客户端和服务端请求的次数相对也少一些。使用LocalStorage存储，实现相对复杂一些，客户端和服务端都要实现一些业务逻辑，但使用LocalStorage的好处是，它的存储容量比Cookie的4KB上限要大得多，而且不用像Cookie那样，无论用不用得上，每次请求都要带着Cookie，因此LocalStorage更能节省带宽。

所以，选择Cookie或LocalStorage来存储暂存购物车都是可以的，我们可以根据自己的需求来选择。比如，如果你设计的是个小型电商系统，那么选择Cookie来存储，实现起来会更简单。但如果你的电商系统面对的是做批发的行业用户，即用户需要加购大量的商品，那么Cookie可能会存在容量不够用的问题，这种情况下选择LocalStorage更合适。

不管选择哪种存储，暂存购物车保存的数据格式都是一样的，参照相应的实体模型来设计即可，以下是一个用JSON描述的购物车实体的示例：

```
{
    "cart": [
        {
            "SKUID": 8888,
            "timestamp": 1578721136,
            "count": 1,
            "selected": true
        },
        {
            "SKUID": 6666,
            "timestamp": 1578721138,
            "count": 2,
            "selected": false
        }
    ]
}
```

## 4.3 如何设计“用户购物车”的存储

接下来，我们再来讲解用户购物车的存储该如何实现。因为用户购物车必须保证多端的数据同步，所以其数据必须保存在服务端。常规的思路是，设计一张购物车表，把数据存在 MySQL 中。购物车表的结构同样可以参照上文所讲的实体模型来设计，具体表结构如表 4-2 所示。

表 4-2 购物车表结构

| 列名 | 数据类型 | 主键 | 非空 | 说明 |
| --- | --- | --- | --- | --- |
| id | BIGINT | 是 | 是 | 自增主键 |
| user_id | BIGINT | 否 | 是 | 用户 ID |
| sku_id | BIGINT | 否 | 是 | 商品 ID |
| count | INT | 否 | 是 | 商品数量 |
| timestamp | DATE | 否 | 是 | 加购时间 |
| selected | TINYINT(1) | 否 | 否 | 勾选状态 |

注意，这里一定要在 user_id 上建一个索引，因为查询购物车表时，是以 user_id 作为查询条件来进行操作的。

当然，也可以选择更快的 Redis，以用户 ID 作为 Key，以一个 HASH 作为 Value 来保存购物车中的商品。比如如下代码实现：

```
{
    "KEY": 6666,
    "VALUE": [
        {
            "FIELD": 8888,
            "FIELD_VALUE": {
                "timestamp": 1578721136,
                "count": 1,
                "selected": true
            }
        },
        {
            "FIELD": 6666,
            "FIELD_VALUE": {
                "timestamp": 1578721138,
                "count": 2,
                "selected": false
            }
```

```
            }
        ]
    }
```

这里为了便于理解，我们用JSON表示Redis中HASH的数据结构，其中，“KEY”中的值6666是一个用户ID，“FIELD”中存放的是商品ID，FIELD_VALUE是一个JSON字符串，用于存放加购时间、商品数量和勾选状态。

从读写性能上来说，Redis比MySQL快很多，那是不是就代表了用Redis就一定比用MySQL更好呢？下面就来比较一下使用MySQL和Redis两种存储的优劣。

显然，使用Redis的性能要比MySQL高出至少一个量级，前者的响应时间更短，可以支撑更多的并发请求，“天下武功，唯快不破”，这一点Redis完胜。

但是，MySQL的数据可靠性是要好于Redis的，因为Redis是异步刷盘，如果出现服务器断电等异常情况，Redis是有可能丢失数据的。但考虑到涉及的信息是购物车里的数据，其对可靠性的要求并没有那么苛刻，丢失少量数据的后果也就是个别用户的购物车少了几件商品，问题通常不是很大。所以，在购物车的场景下，Redis的数据可靠性不高这个缺点并不是不能接受的。

MySQL的另一个优势是，其支持丰富的查询方式和事务机制，但是这两个特性对我们所讨论的购物车的核心功能作用不大。不过，每个电商系统都有其个性化的需求，如果需要以其他方式访问购物车的数据，比如，统计某一天加入购物车的商品总数，那么使用MySQL存储数据很容易就能实现，而使用Redis存储，查询起来就会非常麻烦且低效。

综合比较下来，考虑到需求总是会不断发生变化这个普遍情况，还是更推荐使用MySQL来存储购物车的数据。如果追求高性能，或者支持高并发，那么也可以选择使用Redis。

综上所述，存储架构的设计过程就是一个不断做选择题的过程。很多情况下，可供选择的方案不止一套，选择的时候需要考虑实现的复杂度、性能、系统可用性、数据可靠性、可扩展性等多方面的影响因素。需要强调的是，这些因素中的每一个都是可以适当牺牲的，不要让一些“所谓的常识”禁锢了你的思维。

比如，我们一般都会认为数据是绝对不可以丢失的，也就是说不能牺牲数据的可靠性。但是像上文所讲的用户购物车的存储，使用 Redis 替代 MySQL 就是牺牲了数据的可靠性来换取高性能。经过仔细分析后，我们可以得出这样的结论，即在购物车这样的场景下，很低概率地丢失少量数据是可以接受的。如果性能提升带来的收益远大于丢失少量数据所付出的代价，那么这个选择就是合理的。如果说不考虑需求变化的因素，牺牲一点点数据可靠性换取大幅度的性能提升，那么选择 Redis 是最优解。

## 4.4 小结

本章主要讲解了购物车系统存储架构的设计方案。购物车系统的主要功能包括：加入购物车、购物车列表页展示和结算下单。该系统的核心实体只有一个“购物车”，它至少要包括 SKUID、数量、加入购物车的时间和勾选状态这几个属性。在为购物车设计存储方案时，为了确保购物车内的数据在多端保持一致，以及用户登录前后购物车内的商品能够无缝衔接，除了每个用户的“用户购物车”之外，还要实现一个“暂存购物车”，用于保存用户未登录时加入购物车的商品，并在用户登录后自动合并“暂存购物车”和“用户购物车”中的数据。

暂存购物车存储在客户端浏览器或 App 中，可以选择用 Cookie 或 LocalStorage 存储。用户购物车保存在服务端，可以选择使用 Redis 或 MySQL 存储，使用 Redis 存储的性能更高，可以支撑更多的并发请求，使用 MySQL 存储则是更常规、更通用的方式，便于应对需求的变化，系统的可扩展性更好。

## 4.5 思考题

请思考：既然用户的购物车数据存放在 MySQL 或 Redis 中各有优劣，那么能否把购物车数据存在 MySQL 中，然后用 Redis 来做缓存呢？这样不就可以兼顾两者的优势了吗？如果可行，如何保证 Redis 与 MySQL 中的数据是一样的呢？

Chapter 5 第 5 章

# 账户系统：用事务解决对账问题

本章来讨论电商的账户系统。

账户系统负责记录和管理用户账户的余额，这个余额就是每个用户临时存放在电商系统中的钱，来源可能是用户充值或退货退款等多种途径。账户系统的用途非常广泛，不仅仅是电商，各种互联网内容提供商、网络游戏服务商、电信运营商等，都需要账户系统来管理用户账户的余额或虚拟货币。银行的核心系统同样也包含了一个账户系统。

从业务需求的角度来分析，一个最小化的账户系统，它的数据模型可以用表 5-1 来表示。

表 5-1　一个最小化账户系统的数据模型

| 列名 | 数据类型 | 主键 | 非空 | 说明 |
| --- | --- | --- | --- | --- |
| user_id | BIGINT | 是 | 是 | 用户 ID |
| balance | BIGINT | 否 | 是 | 账户余额 |
| timestamp | DATE | 否 | 是 | 更新时间 |

这个数据模型包括用户 ID、账户余额和更新时间三个字段。每次进行交易时，只需要根据用户 ID 去更新这个账户的余额即可。

## 5.1 为什么总是对不上账

每个账户系统都不是孤立存在的，至少要与财务、订单、交易这些系统进行密切的关联交互。理想情况下，账户系统内的数据应该是自洽的。所有用户的账户余额加起来，应该等于该电商公司在银行专用账户的总余额。账户系统的数据也应该要能与其他系统的数据对得上。比如，每个用户的余额应该要能与交易系统中的充值记录，以及订单系统中的订单对得上。

不过，由于业务和系统的复杂性，现实情况通常是，很少有账户系统能够做到一点不差地对上每一笔账。所以，比较大型的电商系统，都会有一个专门的对账系统，主要负责核对、矫正账户系统与其他系统之间的数据差异。对不上账的原因有很多，比如，业务变化、人为修改了数据、系统之间数据交换失败，等等。作为系统的设计者，我们只需要关注“如何避免由于技术原因而导致的对不上账”即可，那么有哪些账目对不上是因为技术原因而导致的呢？比如，网络请求错误、服务器宕机、系统存在BUG，等等。

“对不上账”只是通俗的说法，它的本质问题其实是：冗余数据的一致性问题。

这里所说的冗余数据并不是指多余或重复的数据，而是多份含有相同信息的数据。比如，我们完全可以通过用户的每一笔充值交易数据和消费的订单数据，计算出该用户当前的账户余额是多少。也就是说，账户余额数据，以及与这些账户相关的交易记录，都含有“账户余额”信息，这就导致了它们之间互为冗余数据。

在设计账户系统的存储时，原则上不应该存储冗余数据，一是浪费存储空间，二是让这些冗余数据保持一致是一件非常麻烦的事情。但在一些场景下存储冗余数据又是非常有必要的，比如，存储用户的账户余额这类数据，因为账户余额数据在交易过程中的读取非常频繁，如果在每次交易之前，都要先通过所有历史交易记录计算一下当前账户的余额，那么这样做的速度就太慢了，在性能上也无法满足交易的需求。所以账户系统需要保存每个用户的账户余额，这实际上是一种用存储空间换取计算时间的设计方式。

如果只是为了满足功能需求，那么账户系统只需要记录余额，并在每次交易的时候更新账户余额即可。但是，这样做会导致一个问题，即如果账户余额被篡改，就会无法追查，所以在记录账户余额的同时，还需要记录每一笔交易记录，即账户的流水。流水的数据模型至少需要包含：流水ID、交易金额、交易时间戳，以及交易双方的系统、账户、交易单号等信息。虽然流水和余额也是互为冗余的数据，但是记录流水，可以有效地修正由于系统 Bug 或人为篡改所导致的账户余额错误的问题，这样做也更能便于账户系统与其他外部系统进行对账，所以账户系统提供记录流水的功能是非常必要的。

在设计账户流水时，有几个重要的原则必须遵守，最好是通过技术手段加以限制。

1）流水记录只能新增，一旦记录成功就不允许再修改和删除。即使是由于正当原因需要取消一笔已经完成的交易，也不应该删除该交易流水。正确的做法是再记录一笔“取消交易”的流水。

2）流水号必须是递增的，我们需要用流水号来确定交易的先后顺序。

在对账的时候，如果出现了流水交易记录和余额不一致，并且无法通过业务手段来确定到底是哪儿记错了的情况，那么一般的处理原则就是以交易流水为准来修正余额数据，只有这样才能保证后续的交易能够“对上账”。

那么从技术上看，如何才能保证账户系统中流水与余额数据的一致性呢?

## 5.2 使用数据库事务保证数据的一致性

在设计账户系统对外提供的服务接口时，我们不用提供单独更新余额或流水的功能，只用提供交易功能即可。我们需要在实现交易功能的时候，同时记录流水并修改余额，并且还要尽可能保证，在任何情况下，记录流水和修改余额这两个操作，要么都成功，要么都失败。不能有任何一笔交易出现如下两种情况：记录了流水但余额没有更新，或者更新了余额但是没有记录流水。这个要求说起来简单，但实际实现却非常困难。毕竟应用程序只能按先后顺序来执行这两个操作，在执行过程中，很有可能会发生网络错误、系统宕机等各种异常情况，所以对于应用程序来说，很难保证这两个操作都成功或都失败。

为了解决这个问题，数据库提供了事务机制，实际上，事务的特性最初就是为了解决交易问题而设计的，在英文中，事务和交易就是同一个单词：Transaction。

我们先来看一下如何使用 MySQL 的事务实现一笔交易。比如，在事务中执行一个充值 100 元的交易，先记录一条交易流水，流水号是 888，然后把账户余额从 100 元更新到 200 元。对应的 SQL 语句如下：

```
mysql> begin;  -- 开始事务。
Query OK, 0 rows affected (0.00 sec)
mysql> insert into account_log ...;  -- 写入交易流水。
Query OK, 1 rows affected (0.01 sec)
mysql> update account_balance ...;  -- 更新账户余额。
Query OK, 1 rows affected (0.00 sec)
mysql> commit; -- 提交事务。
Query OK, 0 rows affected (0.01 sec)
```

使用事务的时候，只需要在操作语句之前执行“begin”，标记一个事务的开始，然后正常执行多条 SQL 语句（在事务中既可以执行更新数据的 SQL 语句，也可以执行查询的 SQL 语句），最后执行“commit”，提交事务就可以了。

我们来看一下，事务可以为我们提供什么样的保证呢？

首先，事务可以保证，记录流水和更新余额这两个操作，要么都成功，要么都失败。即使是在数据库宕机、应用程序退出等异常情况下，也不会出现只更新了一个表而另一个表没有更新的情况。这是事务的原子性（Atomic）。

事务还可以保证，数据库中的数据总是从一个一致性状态（888 流水不存在，余额是 100 元）转换到另外一个一致性状态（888 流水存在，余额是 200 元）。也就是说，对于其他事务来说，不存在任何中间状态（888 流水存在，但余额是 100 元）。在任何一个时刻，如果其他事务读取到的流水中没有 888 这条流水记录，那么它读取到的余额一定是 100 元，这是交易前的状态。如果它能读取到 888 这条流水记录，那么它读取到的余额一定是 200 元，这是交易之后的状态。事务能够保证我们读取到的数据（交易和流水）总是一致的，这是事务的一致性（Consistency）。

实际上，事务的执行过程无论有多快，它都需要一定的时间，也就是说，数据库在修改流水表和余额表对应的数据时，顺序上必然会有先有后。那么一定存在这样一个时刻，流水更新了，但是余额还没有更新，也就是说，每个事务的中间状态是事实存在的。数据库为了实现一致性，必须保证在每个事务的执行过程中，其中间状态对其他事务是不可见的。比如，我们在事务 A 中，写入了 888 这条流水记录，但是还没有提交事务，此时其他任何事务都不应该读取到 888 这条流水记录。这是事务的隔离性（Isolation）。

最后，只要事务提交成功，数据就一定会被持久化到磁盘中，后续即使发生数据库宕机的问题，也不会改变事务的结果。这是事务的持久性（Durability）。

以上就是事务的 ACID 四个基本特性，需要注意的是，这四个特性之间是紧密关联在一起的，我们不需要纠结每个特性的严格定义，更重要的是理解事务的行为，也就是我们的系统在使用事务的时候，对于各种不同的情况，事务会对数据产生怎样的影响，这才是使用事务的关键。

## 5.3 理解事务的隔离级别

有了数据库的事务机制作为保障，我们只需要确保每一笔交易都在事务中执行，就能保证账户系统中流水和余额数据的一致性。但是，ACID 是一个非常严格的定义，或者说是一种理想的情况。如果要完全满足 ACID，那么数据库中的所有事务和 SQL 语句都只能串行执行，这样，性能肯定就不能满足一般系统的要求了。

对账户系统和其他大多数交易系统来说，事务的原子性和持久性是必须要保证的，否则就失去了使用事务的意义；而一致性和隔离性其实可以做出适当牺牲以换取更高的性能。所以，MySQL 提供了四种隔离级别，具体如表 5-2 所示。

表 5-2 MySQL 四种隔离级别

| 隔离级别 | 脏读（Dirty Read，DR） | 不可重复读（Non Repeatable Read，NR） | 幻读（Phantom Read，PR） |
| --- | --- | --- | --- |
| 能读到未提交的数据（READ-UNCOMMITTED，RU） | Y | Y | Y |
| 能读到已提交的数据（READ-COMMITTED，RC） | N | Y | Y |
| 可重复读（REPEATABLE-READ，RR） | N | N | Y |
| 串行执行（SERIALIZABLE） | N | N | N |

几乎所有讲解 MySQL 的事务隔离级别的文章都会提及这个表，我们也不能免俗，因为这个表太经典了。第一次面对这么多概念时，大家可能会觉得不太好理解。那么如何才能清楚地理解这四种隔离级别呢，理解的重点在哪里呢？

表 5-2 自上到下一共有四种隔离级别：RU、RC、RR 和 SERIALIZABLE，这四种级别的隔离性越来越严格，性能也越来越差，在 MySQL 中，默认的隔离级别是 RR，即可重复读。先介绍一下两种不常用的隔离级别，第一种 RU 级别，实际上就是完全不隔离。每个正在进行中的事务，其中间状态对其他事务都是可见的，所以有可能会出现“脏读”的现象。比如，5.2 节中提到的充值的例子，如果读到了 888 这条流水，但余额还是转账之前的 100 元，那么这种情况就是脏读。这种级别虽然性能很好，但是出现脏

读的可能性较高，对于应用程序来说，脏读的问题比较难处理，所以一般情况下基本上不会使用这种级别。而第四种“序列化”级别，具备完美的“隔离性”和“一致性”，由于其性能最差，因此很少会用到。

常用的隔离级别其实就是RC和RR两种，这两种隔离级别都可以避免脏读，即能够保证在其他事务中不会读到未提交事务的数据。或者通俗地说，只要事务没有提交，那么这个事务对数据做出的更新，对其他事务就是不可见的，其他事务读到的还是该事务提交更新之前的数据。

RC和RR唯一的区别在于“是否可重复读”，这个概念虽然有点儿绕口，但其实判断方法很简单。

“是否可重复读”是指，一个事务在执行过程中，它是否能读到其他已提交事务对数据的更新，如果能读到数据的变化，就是“不可重复读”，否则就是“可重复读”。

下面就来举例说明，比如，我们把事务的隔离级别设为RC，会话A开启了一个事务，读到ID为0的账户，当前的账户余额是100元。执行语句如下：

```
mysql> -- 会话 A。
mysql> -- 确认当前设置的隔离级别是 RC。
mysql> SELECT @@global.transaction_isolation, @@transaction_isolation;
+--------------------------------+-------------------------+
| @@global.transaction_isolation | @@transaction_isolation |
+--------------------------------+-------------------------+
| READ-COMMITTED                 | READ-COMMITTED          |
+--------------------------------+-------------------------+
1 row in set (0.00 sec)
mysql> begin;
Query OK, 0 rows affected (0.00 sec)
mysql> select log_id, amount, timestamp  from account_log  order by
    log_id;
+--------+--------+---------------------+
| log_id | amount | timestamp           |
+--------+--------+---------------------+
|      3 |    100 | 2020-02-07 09:40:37 |
+--------+--------+---------------------+
1 row in set (0.00 sec)
```

```
mysql> select * from account_balance;  -- 账户余额是100元。
+---------+---------+---------------------+--------+
| user_id | balance | timestamp           | log_id |
+---------+---------+---------------------+--------+
|       0 |     100 | 2020-02-07 09:47:39 |      3 |
+---------+---------+---------------------+--------+
1 row in set (0.00 sec)
```

假设此时有另外一个会话B，对ID为0的账户完成了一笔转账交易，并且提交了事务。此时，ID为0的账户余额更新成了200元。执行语句如下：

```
mysql> -- 会话 B。
mysql> begin;
Query OK, 0 rows affected (0.00 sec)
mysql> select log_id, amount, timestamp  from account_log  order by log_id;
+--------+--------+---------------------+
| log_id | amount | timestamp           |
+--------+--------+---------------------+
|      3 |    100 | 2020-02-07 09:40:37 |
+--------+--------+---------------------+
1 row in set (0.00 sec)
mysql> -- 写入流水。
mysql> insert into account_log values (NULL, 100, NOW(), 1, 1001, NULL,
    0, NULL, 0, 0);
Query OK, 1 row affected (0.00 sec)
mysql> -- 更新余额。
mysql> update account_balance
-> set balance = balance + 100, log_id = LAST_INSERT_ID(), timestamp
    = NOW()
-> where user_id = 0 and log_id = 3;
Query OK, 1 row affected (0.00 sec)
Rows matched: 1  Changed: 1  Warnings: 0
mysql> -- 当前账户有2条流水记录。
mysql> select log_id, amount, timestamp  from account_log  order by
    log_id;
+--------+--------+---------------------+
| log_id | amount | timestamp           |
+--------+--------+---------------------+
|      3 |    100 | 2020-02-07 09:40:37 |
|      4 |    100 | 2020-02-07 10:06:15 |
+--------+--------+---------------------+
2 rows in set (0.00 sec)
mysql> -- 当前账户余额是200元。
```

```
mysql> select * from account_balance;
+---------+---------+---------------------+--------+
| user_id | balance | timestamp           | log_id |
+---------+---------+---------------------+--------+
|       0 |     200 | 2020-02-07 10:06:16 |      4 |
+---------+---------+---------------------+--------+
1 row in set (0.00 sec)
mysql> commit;
Query OK, 0 rows affected (0.00 sec)
```

注意，此时会话 A 之前开启的事务一直处于未关闭状态。下面再通过会话 A 中查看一下 ID 为 0 的账户余额，你觉得应该是多少？

下面是实际的查询结果：

```
mysql> -- 会话 A。
mysql> -- 当前账户有 2 条流水记录。
mysql> select log_id, amount, timestamp  from account_log  order by log_id;
+--------+--------+---------------------+
| log_id | amount | timestamp           |
+--------+--------+---------------------+
|      3 |    100 | 2020-02-07 09:40:37 |
|      4 |    100 | 2020-02-07 10:06:15 |
+--------+--------+---------------------+
2 rows in set (0.00 sec)
mysql> -- 当前账户的余额是 200 元。
mysql> select * from account_balance;
+---------+---------+---------------------+--------+
| user_id | balance | timestamp           | log_id |
+---------+---------+---------------------+--------+
|       0 |     200 | 2020-02-07 10:06:16 |      4 |
+---------+---------+---------------------+--------+
1 row in set (0.00 sec)
mysql> commit;
Query OK, 0 rows affected (0.00 sec)
```

由上述结果我们可以看到，把隔离级别设置为 RC 时，会话 A 第二次读到的账户余额是 200 元，即读取到的是会话 B 更新后的数据。对于会话 A，在同一个事务内两次读取同一条数据，读到的结果可能会不一样，这就是“不可重复读”。如果把隔离级别设置为 RR，那么会话 A 第二次读到的账户余额仍然会是 100 元，交易流水也只有一条记录。在 RR 隔离级别下，一个事务在进行的过程中，对于同一条数据，无论其他会话是否已经更新了这条数据，该事务每次读到的结果总是相同的，这就是“可重复读”。理解了RC和RR这两种隔离级别的区别，我们就能应对绝大部分业务场景了。

最后，我们来简单讲解一下“幻读”。在实际业务中，很少能遇到幻读的情况，即使遇到了，基本上也不会对数据的准确性产生影响，所以简单了解即可。在RR隔离级别下，我们开启一个事务，之后直到这个事务结束，在这个事务内，其他事务对数据的更新都是不可见的。比如，我们在会话A中开启一个事务，准备插入一条ID为1000的流水记录。查询一下当前流水，如果不存在ID为1000的记录，则可以安全地插入数据。执行语句如下：

```
mysql> -- 会话 A。
mysql> select log_id from account_log where log_id = 1000;
Empty set (0.00 sec)
这时假设有另外一个会话 B，抢先插入了这条 ID 为 1000 的流水记录。
mysql> -- 会话 B。
mysql> begin;
Query OK, 0 rows affected (0.00 sec)
mysql> insert into account_log values
-> (1000, 100, NOW(), 1, 1001, NULL, 0, NULL, 0, 0);
Query OK, 1 row affected (0.00 sec)
mysql> commit;
Query OK, 0 rows affected (0.00 sec)
```

当会话A再执行相同的插入语句时，程序就会提示主键冲突错误，但是由于事务的隔离性，它在执行查询语句的时候，是查不到这条ID为1000的流水的，这种情况就像出现了“幻觉”一样，这就是幻读。

```
mysql> -- 会话 A。
mysql> insert into account_log values
-> (1000, 100, NOW(), 1, 1001, NULL, 0, NULL, 0, 0);
ERROR 1062 (23000): Duplicate entry '1000' for key 'account_log.PRIMARY'
mysql> select log_id from account_log where log_id = 1000;
Empty set (0.00 sec)
```

理解了这几种隔离级别之后，最后我们来讲解一种兼顾并发、性能和数据一致性的交易实现。这个实现在隔离级别为RC和RR时，都是安全的。交易的实现步骤如下。

1）我们为账户余额表增加一个 log_id 属性，用于记录最后一笔交易的流水号。

2）首先，开启事务，查询并记录当前账户的余额和最后一笔交易的流水号。

3）然后，写入流水记录。

4）接下来，更新账户余额，这里需要在更新语句的 WHERE 条件中限定，只有流水号等于第 2 步所记录的流水号时才进行更新。

5）最后，检查更新余额的返回值，如果更新成功就提交事务，否则回滚事务。

需要特别注意的一点是，更新账户余额后，不能只检查更新语句是否执行成功，还需要检查返回值中变更的行数是否等于 1。因为即使流水号不相等，余额没有更新，这条更新语句的执行结果也仍然会是成功的，只是更新了 0 条记录。

下面是整个交易的 SQL 语句：

```
mysql> begin;
Query OK, 0 rows affected (0.00 sec)
mysql>  -- 查询并记录当前账户的余额和最后一笔交易的流水号。
mysql> select balance, log_id from account_balance where user_id = 0;
+---------+--------+
| balance | log_id |
+---------+--------+
|     100 |      3 |
+---------+--------+
1 row in set (0.00 sec)
mysql>  -- 插入流水记录。
mysql> insert into account_log values
-> (NULL, 100, NOW(), 1, 1001, NULL, 0, NULL, 0, 0);
Query OK, 1 row affected (0.01 sec)
mysql>  -- 更新余额，注意，在 where 条件中，限定了只有流水号等于之前记录的流水号
    （3）时才会进行更新。
mysql> update account_balance
-> set balance = balance + 100, log_id = LAST_INSERT_ID(), timestamp
    = NOW()
```

```
-> where user_id = 0 and log_id = 3;
Query OK, 1 row affected (0.00 sec)
Rows matched: 1  Changed: 1  Warnings: 0
mysql>  -- 这里需要检查更新的结果，只有当余额更新成功（Changed: 1）时，才会提
    交事务，否则回滚事务。
mysql> commit;
Query OK, 0 rows affected (0.01 sec)
```

最后，下面给出流水和余额两个表的DDL，我们在执行例子的时候可以使用。

```
CREATE TABLE `account_log` (
`log_id` int NOT NULL AUTO_INCREMENT COMMENT '流水号',
`amount` int NOT NULL COMMENT '交易金额',
`timestamp` datetime NOT NULL COMMENT '时间戳',
`from_system` int NOT NULL COMMENT '转出系统编码',
`from_system_transaction_number` int DEFAULT NULL COMMENT '转出系统的
    交易号',
`from_account` int DEFAULT NULL COMMENT '转出账户',
`to_system` int NOT NULL COMMENT '转入系统编码',
`to_system_transaction_number` int DEFAULT NULL COMMENT '转入系统的交
    易号',
`to_account` int DEFAULT NULL COMMENT '转入账户',
`transaction_type` int NOT NULL COMMENT '交易类型编码',
PRIMARY KEY (`log_id`)
);

CREATE TABLE `account_balance` (
`user_id` int NOT NULL COMMENT '用户 ID',
`balance` int NOT NULL COMMENT '余额',
`timestamp` datetime NOT NULL COMMENT '时间戳',
`log_id` int NOT NULL COMMENT '最后一笔交易的流水号',
PRIMARY KEY (`user_id`)
);
```

## 5.4 小结

账户系统主要用于记录每个用户的余额，为了保证数据的可追溯性，还需要记录账户的流水。流水记录只能新增，任何情况下都不允许修改和删除。每次交易的时候，都需要把流水和余额放在同一个事务中一起更新。

事务具备原子性、一致性、隔离性和持久性四种基本特性，也就是ACID，它可以保证在一个事务中执行的数据更新，要么都成功，要么都失败。并且在事务的执行过程中，中间状态的数据对其他事务是不可见的。

ACID是一种理想情况，特别是要想完美地实现CI，就会导致数据库性能严重下降。所以，MySQL提供了四种可选的隔离级别，以牺牲一定的隔离性和一致性为代价，来换取高性能。这四种隔离级别中，只有RC和RR这两种隔离级别是比较常用的，它们之间的唯一区别是，对于正在进行中的事务，其他事务对数据的更新对其是否可见。

## 5.5 思考题

请在完成本章的阅读之后，执行本章提供的示例代码，看一下多个事务并发更新同一个账户时，RC和RR这两种不同的隔离级别在行为上有哪些不同之处。

第 6 章 Chapter 6

# 分布式事务：保证多个系统间的数据一致

第 5 章在讲解账户系统时，详细介绍了数据库事务的相关特性，事务能够很好地解决交易类系统的数据一致性问题。

事务的原子性和持久性，可以确保在一个事务内，更新多条数据的操作，要么都成功，要么都失败。在一个系统内部，我们可以使用数据库事务来保证数据的一致性。假设有一笔交易，会涉及多个系统和多个数据库，那么使用单一的数据库事务就无法解决了。

在互联网早期单体应用系统的时代，普遍的做法是，在设计时就尽量避免这种跨系统、跨数据库的交易。但是，现今的技术趋势是云原生和微服务，微服务的理念是将单体应用拆散成多个小的微服务，每个微服务独立部署，并且拥有自己的数据库，大数据库也因此拆散成多个小的数据库。跨越微服务和数据库的交易已成为一种越来越普遍的情况。业务系统微服务化之后，我们不可避免地要面对跨系统的数据一致性问题。

如何解决这种跨系统、跨数据库的数据一致性问题呢？答案是利用分布式事务。分布式事务的概念就是为了解决在分布式系统环境下的事务问题而生的。但是，对于数据库事务，我们只需要在开始和结尾，分别加上

begin 和 commit，剩下的问题交由数据库来实现即可。与数据库事务不同的是，在分布式环境下，事务是一个非常难解决的问题。

为什么这么说呢？因为在分布式环境中，一个完整的交易将会拆散并分布到不同的系统中，在多个微服务进程内执行计算，在多个数据库中执行数据更新操作，相比较于数据库事务支持的单进程、单数据库场景，分布式场景则要复杂太多了。所以，并没有哪种分布式事务服务或组件，能在分布式环境下，提供接近于数据库事务的数据一致性保证。

本章就来讲解，如何用分布式事务的方法，解决微服务系统中，实际会面临的分布式数据一致性问题。

## 6.1 什么是分布式事务

在学习分布式事务的概念之前，我们先讨论一下为什么一定要理解概念的含义。本书的内容比较注重实战，一般来说，我们更多的是关注如何解决实际问题，而不是理论和概念。所以，第 5 章在讲解数据库事务的时候，大多数内容是在讲解如何用事务解决交易的问题，而没有讲解 MySQL 是如何实现 ACID 的。因为数据库对事务的封装已经非常好了，对于使用 MySQL 的业务系统开发者来说，我们只需要掌握如何使用事务就可以很好地解决交易的问题。

但分布式事务不是这样的，并没有一种分布式事务的服务或组件，轻易就能帮我们解决分布式系统下的数据一致性问题。我们在解决分布式系统的数据一致性问题时，更普遍的情况是，用分布式事务的理论来指导设计和开发，然后自行解决数据一致性的问题。也就是说，要解决分布式事务的数据一致性问题，我们必须掌握多种分布式事务的概念和实现原理。

第 5 章在讲解数据库事务时，提到了事务的 ACID 四个特性。我们知道即使是数据库事务，考虑到性能的因素，在大部分情况下不能也不需要百分之百地实现 ACID，所以才有了事务的四种隔离级别。理论上，分布式事务也是事务，也需要遵从ACID四个特性。但实际情况是，在分布式系统中，因为必须兼顾性能和高可用性，所以很难完全满足ACID。我们常用的几种分布式事务的实现方法，都是“残血版”的事务，而且相比数据库事务，更加的“残血”。

分布式事务的解决方案有很多，比如，2PC、3PC、TCC、Saga和本地消息表，等等。这些方法的强项和弱项都不一样，所适用的场景也不一样，所以最好是将这些分布式事务全部掌握，只有这样才能在面临实际问题的时候选择合适的方法。其中，2PC和本地消息表这两种分布式事务的解决方案，最贴近于我们日常开发的业务系统。

## 6.2　2PC：订单与优惠券的数据一致性问题

2PC也称为二阶段提交，是一种常用的分布式事务实现方法。本节就通过订单和优惠券的示例来讲解和说明，如何使用2PC的方案来解决订单系统和促销系统的数据一致性问题。

我们在购物下单时，如果使用了优惠券，那么订单系统和优惠券系统需要分别更新自己的数据，才能完成“在订单中使用优惠券”这个操作。订单系统需要完成如下两个操作。

1）在“订单优惠券表”中写入与订单关联的优惠券数据。

2）在“订单表”中写入订单数据。

订单系统内两个操作的一致性问题，可以直接使用数据库事务来解决。相比之下，促销系统需要完成的操作就比较简单了，只需要把刚刚使用的那张优惠券的状态更新成“已使用”就可以了。注意，这两个系统的数据更新操作必须保持一致，要么都更新成功，要么都更新失败。

接下来，我们再来看看2PC是怎么解决这个问题的。2PC引入了一个事务协调者的角色，用于负责协调订单系统和促销系统，协调者为客户端提供了一个完整的“使用优惠券下单”的服务，在这个服务的内部，协调者将分别调用订单和促销的相应服务。

所谓的二阶段，指的是准备阶段和提交阶段。在准备阶段，协调者分别向订单系统和促销系统发送“准备”命令，订单和促销系统收到准备命令之后，开始执行准备操作。准备阶段需要做哪些事儿呢？我们可以这样理解，除了提交数据库事务之外的所有工作，都要在准备阶段完成。比如，订单系统需要在准备阶段完成如下 3 个操作。

1）在订单库开启一个数据库事务。

2）向“订单优惠券表”写入这条订单的优惠券记录。

3）在“订单表”中写入订单数据。

注意，至此，我们还没有提交订单数据库的事务，最后订单系统向事务协调者返回“准备成功”的响应。类似地，促销服务在准备阶段，需要在促销库开启一个数据库事务，在事务中更新优惠券的状态，但是暂时不要提交这个数据库事务，最后促销系统向事务协调者返回“准备成功”的响应。事务协调者在收到两个系统“准备成功”的响应信息之后，开始进入第二阶段。

等两个系统都准备好了之后，下一步就可以进入提交阶段了。提交阶段比较简单，协调者向这两个系统发送“提交”命令，两个系统提交自己的数据库事务，然后向协调者返回“提交成功”的响应，协调者收到所有响应之后，向客户端返回成功响应，整个分布式事务就结束了。上述过程的时序图如图 6-1 所示。

以上是正常情况下的流程，接下来是我们需要重点考虑的问题：异常情况下怎么办？

对于异常情况，我们还是分两个阶段来说明。在准备阶段，如果任何一步出现错误，或者是超时，事务协调者就会向订单系统和促销系统发送“回滚事务”的请求。两个系统在收到请求之后，都会回滚自己的数据库事务，分布式事务执行失败。两个系统的数据库事务都回滚了，相关的所有数据也会全部回滚到分布式事务执行之前的状态，就像这个分布式事务没有执行过一样。异常情况下的时序图如图 6-2 所示。

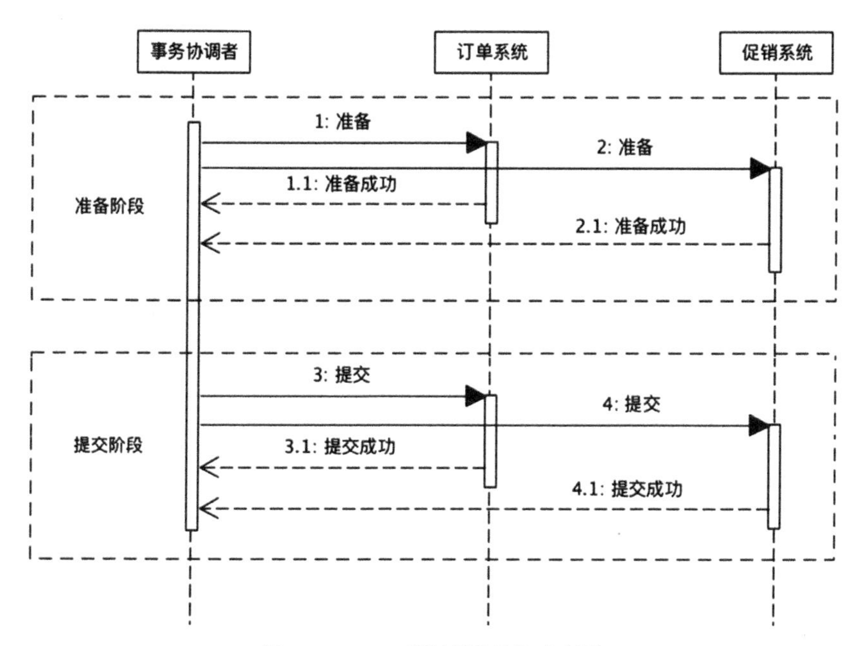


图 6-1　2PC 正常情况下的时序图

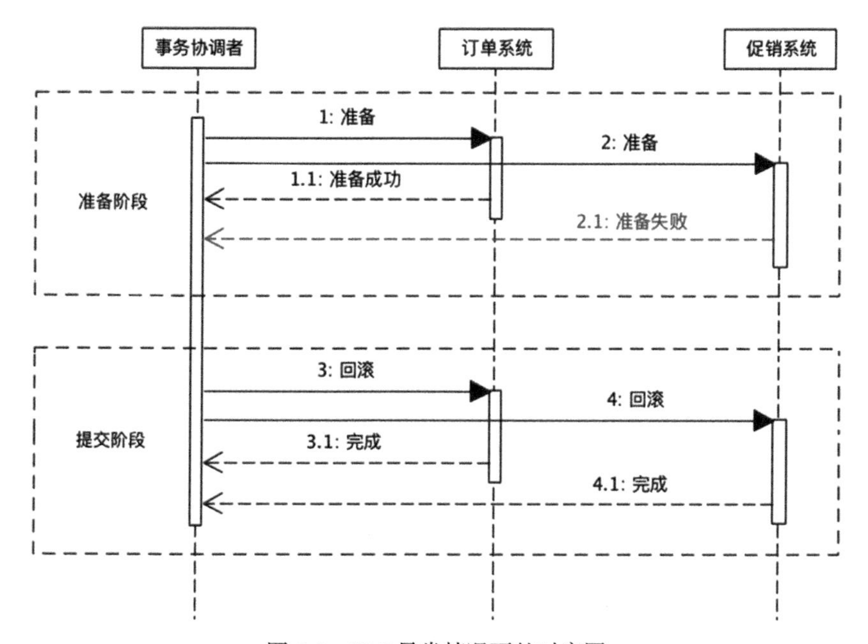


图 6-2　2PC 异常情况下的时序图

如果在准备阶段准备成功，就会顺利进入提交阶段，这个时候就“只有华山一条路”了，整个分布式事务只能成功，不能失败。如果发生网络传输失败的情况，则需要反复重试，直到提交成功为止。如果这个阶段发生宕机，包括两个数据库宕机，或者订单服务、促销服务所在的节点宕机，那么还是有可能会出现订单库完成了提交，但促销库因为宕机自动回滚而导致数据不一致的情况。不过，因为提交的过程非常简单，执行很快，出现这种情况的概率通常非常小，所以从实用的角度来说，2PC 分布式事务的方法在实际应用中的数据一致性还是非常好的。

在实现 2PC 的时候，没有必要单独启动一个事务协调服务，这个协调服务的工作最好能与订单服务或优惠券服务放在同一个进程里面。这样做有两个好处，一是参与分布式事务的进程更少，故障点也就更少，稳定性也就更好；二是减少了一些远程调用，性能也因此要更好一些。

2PC 是一种满足强一致性的设计，它可以保证原子性和隔离性。只要 2PC 事务完成，订单库和促销库中的数据就一定是一致的状态，也就是我们一直强调的，要么都成功，要么都失败。所以 2PC 比较适合于那些对数据一致性要求比较高的场景，比如，我们这个订单优惠券的场景，如果一致性的保证不够好，则有可能会被黑产利用，一张优惠券反复使用，从而对电商造成很大的经济损失。

不过，2PC 也有很明显的缺陷，整个事务的执行过程，需要阻塞服务端的线程和数据库的会话。所以 2PC 在并发场景下的性能不会很高。并且，事务协调者是一个单点，在事务的执行过程中，一旦事务协调者发生宕机，就会导致订单库或促销库的事务会话一直卡在等待提交阶段，直到事务超时自动回滚。卡住的这段时间内，数据库有可能会锁住一些数据，服务中会卡住一个数据库的连接和线程，这些都会导致系统的性能严重下降，甚至卡住整个服务。

所以，只有在需要强一致且并发量不大的场景下，才需要考虑使用 2PC。

## 6.3　本地消息表：订单与购物车的数据一致性问题

2PC 的适用场景其实是很窄的，更多情况下，只要保证数据最终的一致性就可以了。比如，在购物流程中，用户在购物车界面选好商品后，点击“去结算”按钮进入订单页面，创建一个新的订单。在这个过程中，订单系统其实做了如下两件事。

1）订单系统需要创建一个新订单，与订单关联的商品就是购物车中选择的那些商品。

2）订单创建成功后，购物车系统需要把订单中的这些商品从购物车里删减掉。

这也是一个分布式事务问题，创建订单和清空购物车这两个数据更新操作需要保证，要么都成功，要么都失败。但是，清空购物车的操作，对一致性的要求就没有扣减优惠券那么高了，订单创建成功后，晚几秒钟再清空购物车，对于用户来说也是完全可以接受的。只要保证在经过一个很小的延迟时间后，最终订单数据与购物车数据保持一致就可以了。

本地消息表非常适合用来解决这种分布式最终一致性的问题。下面就来看一下，如何使用本地消息表解决订单与购物车的数据一致性问题。

本地消息表的实现思路是这样的，订单服务在收到下单请求后，会使用订单库的事务去更新订单的数据。并且，在执行这个数据库事务的过程中，在本地记录一条消息，这个消息就是一条日志，日志内容就是“清空购物车”这个操作。因为这条日志是记录在本地的，这里面没有分布式的问题，所以这是一个普通的本地事务，那么我们可以通过订单库的事务，来保证本地消息记录与订单库的一致性。完成了这步之后，订单服务就可以向客户端返回成功响应了。

然后，我们再通过一个异步的服务，读取刚刚记录的清空购物车的本地消息，并调用购物车系统的服务清空购物车。购物车清空之后，把本地消息的状态更新为已完成就可以了。对于异步清空购物车这个过程，如果操作失败了，则可以通过重试来解决。最终，该异步服务是可以保证订单系统和购物车系统的数据是一致的。

这里的本地消息表，既可以存储在订单库中，也可以用文件的形式，保存在订单服务所在服务器的本地磁盘中，两种方式都是可以的。相对来说，存放在订单库中会更简单一些。

消息队列 RocketMQ 可以提供一种事务消息的功能，该功能其实就是本地消息表思想的一个实现。使用事务消息可以达到与本地消息表一样的最终一致性，相较于我们自行实现本地消息表，事务消息的方式使用起来更加简单，大家可以考虑使用该方式。

如果从是否满足事务的 ACID 四个特性的角度来衡量，本地消息表的方式只能满足 D（持久性），A（原子性）、C（一致性）和 I（隔离性）都比较差，但是它的优点也是非常突出的。首先，本地消息表的实现非常简单，在单机事务的基础上稍加改造，就可以实现分布式事务。另外，本地消息表的性能非常好，与单机事务的性能相比几乎没有差别。除此之外，本地消息表还提供了大部分情况下用户都能接受的“数据最终一致性”的保证。所以，本地消息表是更加实用的分布式事务实现方法。

我们在使用本地消息表时，需要特别注意它的适用场景，即使我们能够接受“数据最终一致性”，本地消息表也不是什么场景都可以使用的。使用本地消息表有一个前提条件，那就是，异步执行的那部分操作，不能有依赖的资源。比如，我们在下单的时候，除了要清空购物车之外，还要锁定库存。对于库存系统锁定库存的操作，虽然我们可以接受“数据最终一致性”，但是，锁定库存的操作需要满足一个前提条件，即库存中必须要有货物。这种情况就不适合使用本地消息表了，不然就会出现用户成功下单后，系统的异步任务执行锁定库存的操作时，因为库存缺货而导致锁定失败。如果造成“超售”的尴尬局面，就很难处理了。

## 6.4 小结

本章讲解了如何使用分布式事务的几种方法来解决分布式系统中的数据一致性问题。对于订单和优惠券这种需要数据强一致性的分布式事务场景，可以采用2PC的方法来解决问题。2PC的优点是可以保证强一致性，但是性能和可用性上都存在一些缺陷。本地消息表的适用性更加广泛，虽然其在数据一致性上有所牺牲，只能满足最终一致性，但是本地消息表拥有更好的性能，实现起来也比较简单，系统的稳定性也很好，是一种非常实用的分布式事务的解决方案。

无论采用哪种分布式事务方法，其实都是把一个分布式事务，拆分成多个本地事务。本地事务可以用数据库事务来解决，因此分布式事务只需要专注于解决，如何让这些本地事务保持一致性的问题即可。我们在面临分布式一致性问题的时候，也要基于这个思想来考虑问题，再结合实际情况选择分布式事务的方法。

## 6.5 思考题

2PC还提供了一些改进版本，比如，3PC、TCC等，它们的思想与2PC大体上差不多，虽然解决了2PC的一些问题，但是同时也带来了新的问题，实现起来也更复杂。限于篇幅，我们无法详细讲解每个方法。在理解了2PC的基础上，大家可以自行学习3PC和TCC，然后对比一下，2PC、3PC和TCC分别适用于什么样的业务场景。

Chapter 7 第7章

# 用 Elasticsearch 构建商品搜索系统

在软件系统中，搜索可以说是无处不在，现在几乎所有的网站或系统都会提供搜索功能。所以，即使你不是一个专业做搜索开发的程序员，也难免会遇到一些与搜索相关的需求。

搜索这个功能，表面上看似乎很简单，系统提供一个搜索框，用户输入关键字，然后就能搜索到想要的内容。其实搜索背后的实现，既可以非常简单，简单到用一个 SQL 语句匹配 LIKE 的内容就可以实现，也可以很复杂，复杂到什么程度呢？不用说百度和谷歌这种专业做搜索的互联网企业，即使是其他非专业做搜索的大型互联网企业，搜索团队也大多是千人规模，其中不仅有程序员，还有算法工程师、业务专家，等等。二者的区别也仅仅是搜索速度的快慢，以及搜出来的内容是否更能满足用户的需求。

本章就以电商中的商品搜索作为例子，来讲解如何利用 Elasticsearch（后文简称为 ES）快速、低成本地构建一个体验还不错的搜索系统。

## 7.1 理解倒排索引机制

我们的数据大多存储在数据库中，用 SQL 的 LIKE 语句也能实现匹配，搜出想要的结果，为什么还要专门开发一套搜索系统呢？我们先来分析一下为什么数据库不适合做搜索。

搜索的核心需求是全文匹配。对于全文匹配，数据库的索引根本派不上用场，只能全表扫描。全表扫描本身就已经非常慢了，还要在每条记录上做全文匹配，也就是逐字进行比对，这样一来速度就更慢了。所以，使用数据库进行搜索的方式，在性能上完全无法满足要求。

那么，ES 又是如何解决搜索问题的呢？下面就来举例说明。

假设我们有这样两个商品，一个是“烟台红富士苹果”，一个是“苹果手机 iPhone XS Max”，如表 7-1 所示。

表 7-1　两条带“苹果”的商品数据

| DOCID | SKUID | 标　题 |
|---|---|---|
| 666 | 100002860826 | 烟台红富士苹果 5kg 一级铂金大果 单果 230g 以上 新鲜水果 |
| 888 | 100000177760 | 苹果 Apple iPhone XS Max（A2104）256GB 金色 移动联通电信 4G 手机 双卡双待 |

表 7-1 中的 DOCID 就是唯一标识一条记录的 ID，与数据库中表的主键类似。

为了能够支持快速地进行全文搜索，对于文本 ES 采用了一种特殊的索引：倒排索引（Inverted Index）。在 ES 中，表 7-1 所示的这两条商品数据的倒排索引如表 7-2 所示。

表 7-2　倒排索引

| TERM | DOCID | TERM | DOCID |
|---|---|---|---|
| 烟台 | 666 | Apple | 888 |
| 红富士 | 666 | iPhone | 888 |
| 苹果 | 666, 888 | XS | 888 |
| 5kg | 666 | Max | 888 |
| 一级 | 666 | 手机 | 888 |
| 铂金 | 666 | … | … |
| 大果 | 666 | | |

由表 7-2 可以看到，倒排索引表是以词语作为索引的 Key，每个词语的倒排索引的值是一个列表，该列表的元素就是含有这个词语的商品记录

的 DOCID。

那么，这个倒排索引是如何构建的呢？当我们向 ES 中写入商品记录的时候，ES 首先会对需要搜索的字段，也就是商品的标题，执行分词操作。分词就是把一段连续的文本按照语义拆分成多个词语。然后，ES 按照词语为商品记录做索引，这就形成了如表 7-2 所示的倒排索引。

当我们搜索关键字“苹果手机”的时候，ES 会对关键字也执行分词操作。比如，“苹果手机”可能会被拆分为“苹果”和“手机”两个词。然后，ES 会在倒排索引中搜索我们输入的每个关键字分词，搜索结果如表 7-3 所示。

表 7-3 关键词“苹果手机”的搜索结果

| TERM | DOCID |
| --- | --- |
| 苹果 | 666, 888 |
| 手机 | 888 |

666 和 888 这两条记录都能匹配上搜索的关键词，但是 888 比 666 的商品匹配度更高，因为搜索关键字的两个词语，888 都能匹配上，所以按照匹配度对结果做一个排序，最终返回的搜索结果就是：

```
苹果Apple iPhone XS Max (A2104) 256GB 金色 移动联通电信4G手机 双卡双待
烟台红富士苹果5kg 一级铂金大果 单果230g以上 新鲜水果
```

看起来搜索的效果还是不错的。

为什么倒排索引可以实现快速搜索呢？我们一起来分析一下上面这个例子的查找性能。

上述示例的搜索过程，其实就是对上面的倒排索引进行二次查找的过程，一次搜索“苹果”关键字，一次搜索“手机”关键字。注意，在整个搜索过程中，我们没有对任何文本做过模糊匹配。ES 的存储引擎存储倒排索引时，肯定不是像表 7-2 所示的那样存成一个二维表，实际上它的物理存储结构与 MySQL 的 InnoDB 的索引是差不多的，都是一棵查找树。

对倒排索引做两次查找，也就是对树进行二次查找，它的时间复杂度类似于 MySQL 中的二次命中索引的查找。显然，这个查找速度比用 MySQL 全表扫描加上模糊匹配的方式，要快好几个数量级。

## 7.2 如何在ES中构建商品的索引

理解了倒排索引的原理之后，下面就来用ES构建一个商品索引，实现一个简单的商品搜索系统。虽然ES是为搜索而生的，但本质上，它仍然是一个存储系统。ES中的一些概念，基本上都可以在关系数据库中找到对应的名词，为了便于大家快速理解这些概念，表7-4把这些概念的对应关系都列了出来，大家可以对照理解。

表7-4 Elasticsearch与RDBMS中关键概念对照

| Elasticsearch | RDBMS |
| --- | --- |
| INDEX | 表 |
| DOCUMENT | 行 |
| FIELD | 列 |
| MAPPING | 表结构 |

在ES中，数据的逻辑结构类似于MongoDB，每条数据称为一个DOCUMENT，简称DOC。每个DOC就是一个JSON对象，DOC中的每个JSON字段，在ES中称为FIELD。把一组具有相同字段的DOC存放在一起，存放它们的逻辑容器称为INDEX，这些DOC的JSON结构称为MAPPING。这里面最不好理解的就是INDEX，它实际上与RDBMS中表的概念有些类似，而不是我们通常所理解的用于查找数据的索引。

ES是一个用Java语言开发的服务端程序，除了Java之外基本上没有什么外部依赖，安装部署也非常简单，大家可以参照官方文档安装好ES。在本章的示例中，ES使用的版本是目前的最新版本7.6。

另外，为了能让ES支持中文分词，需要为ES安装一个中文的分词插件IK Analysis for Elasticsearch，这个插件的作用就是告诉ES怎么对中文文本进行分词。

可以直接执行下面的命令，自动下载并安装ES：

```
$elasticsearch-plugin install https://github.com/medcl/elasticsearch-
    analysis-ik/releases/download/v7.6.0/elasticsearch-analysis-ik-
    7.6.0.zip
```

安装完成后，需要重启ES，验证一下安装是否成功：

```
curl -X POST "localhost:9200/_analyze?pretty" -H 'Content-Type:
```

```
    application/json' -d '{ "analyzer": "ik_smart", "text": "极客时间" }'
{
    "tokens":[
        {
            "token":"极",
            "start_offset":0,
            "end_offset":1,
            "type":"CN_CHAR",
            "position":0
        },
        {
            "token":"客",
            "start_offset":1,
            "end_offset":2,
            "type":"CN_CHAR",
            "position":1
        },
        {
            "token":"时间",
            "start_offset":2,
            "end_offset":4,
            "type":"CN_WORD",
            "position":2
        }
    ]
}
```

由上述代码可以看到，分词器把“极客时间”分成了“极”“客”和“时间”，而没认出来“极客”这个词，说明分词器还有待改进。

为了能够实现商品搜索的功能，我们首先需要把商品信息存放到ES中。然后，定义存放在ES中商品的数据结构，即商品的MAPPING，如表7-5所示。

表7-5 商品的MAPPING

| Field | Datatype | 说明 |
|---|---|---|
| sku_id | long | 商品ID |
| title | text | 商品标题 |

表7-5所示的MAPPING只要包含两个字段就够了，sku_id代表商品ID，titile则用于保存商品的标题。当用户在搜索商品的时候，搜索系统会在ES中匹配商品标题，返回符合条件商品的sku_id列表。ES默认提供了标准的RESTful接口，不需要客户端，直接使用HTTP即可访问。这里我们使用curl通过命令行来操作ES。

接下来，我们使用上面这个 MAPPING 创建 INDEX，该操作类似于在 MySQL 中创建一个表，命令如下：

```
$curl -X PUT "localhost:9200/sku" -H 'Content-Type: application/
    json' -d '
{
    "mappings": {
        "properties": {
            "sku_id": {
                "type": "long"
            },
            "title": {
                "type": "text",
                "analyzer": "ik_max_word",
                "search_analyzer": "ik_max_word"
            }
        }
    }
}'

{"acknowledged":true,"shards_acknowledged":true,"index":"sku"}
```

上述命令使用 PUT 方法创建一个 INDEX，INDEX 的名称是“sku”，可以直接写在请求的 URL 中。请求的 BODY 是一个 JSON 对象，内容就是上面定义的 MAPPING，也就是数据结构。这里需要注意的是，由于要在 title 这个字段上进行全文搜索，因此我们把数据类型定义为 text，并指定使用已安装好的中文分词插件 IK 作为这个字段的分词器。

创建好 INDEX 之后，就可以向 INDEX 中写入商品数据了。插入数据需要使用 HTTP POST 方法，具体命令如下：

```
$curl -X POST "localhost:9200/sku/_doc/" -H 'Content-Type:
    application/json' -d '{
    "sku_id": 100002860826,
    "title": "烟台红富士苹果 5kg 一级铂金大果 单果230g以上 新鲜水果"
}'
{"_index":"sku","_type":"_doc","_id":"yxQVSHABiy2kuAJG8ilW","_
    version":1,"result":"created","_shards":{"total":2,"successful":
    1,"failed":0},"_seq_no":0,"_primary_term":1}

$curl -X POST "localhost:9200/sku/_doc/" -H 'Content-Type:
```

```
    application/json' -d '{
    "sku_id": 100000177760,
    "title": "苹果 Apple iPhone XS Max (A2104) 256GB 金色 移动联通电信
        4G手机 双卡双待"
}'

{"_index":"sku","_type":"_doc","_id":"zBQWSHABiy2kuAJGgim1","_
    version":1,"result":"created","_shards":{"total":2,"successful":
    1,"failed":0},"_seq_no":1,"_primary_term":1}
```

上述命令插入了 2 条商品数据，一个是烟台红富士苹果的数据，一个是 iPhone 手机的数据。接下来，我们直接对商品进行搜索，搜索时可使用 HTTP GET 方法，具体命令如下：

```
curl -X GET 'localhost:9200/sku/_search?pretty' -H 'Content-Type:
    application/json' -d '{
"query" : { "match" : { "title" : "苹果手机" }}
}'

{
    "took": 23,
    "timed_out": false,
    "_shards": {
        "total": 1,
        "successful": 1,
        "skipped": 0,
        "failed": 0
    },
    "hits": {
        "total": {
            "value": 2,
            "relation": "eq"
        },
        "max_score": 0.8594865,
        "hits": [
            {
                "_index": "sku",
                "_type": "_doc",
                "_id": "zBQWSHABiy2kuAJGgim1",
                "_score": 0.8594865,
                "_source": {
                    "sku_id": 100000177760,
                    "title": "苹果 Apple iPhone XS Max (A2104) 256GB
                        金色 移动联通电信 4G 手机 双卡双待"
```

```
                }
            },
            {
                "_index": "sku",
                "_type": "_doc",
                "_id": "yxQVSHABiy2kuAJG8ilW",
                "_score": 0.18577608,
                "_source": {
                    "sku_id": 100002860826,
                    "title": "烟台红富士苹果 5kg 一级铂金大果 单果230g以
                        上 新鲜水果"
                }
            }
        ]
    }
}
```


我们先看一下请求中的URL，其中，“sku”代表要在sku这个INDEX内进行查找；“_search”是一个关键字，表示要进行搜索；参数“pretty”表示对返回的JSON进行格式化，以方便阅读。接下来再看一下请求BODY中的JSON，query中的match表示要进行全文匹配，匹配的字段就是title，关键字是“苹果手机”。

我们可以看到，返回结果匹配到了2条商品记录，这与上面我们分析倒排索引时，预期返回的结果是一致的。

下面就来回顾一下使用ES构建商品搜索服务的整个过程：首先，安装ES并启动服务，然后创建一个INDEX，定义MAPPING，写入数据后，执行查询操作并返回查询结果。其实，这个过程与我们使用数据库时，先建表、插入数据然后查询的过程是一样的。所以，我们可以把ES当作一个支持全文搜索的数据库来使用。

## 7.3 小结

ES本质上是一个支持全文搜索的分布式内存数据库，特别适合用于构建搜索系统。ES之所以具备非常好的全文搜索性能，最重要的原因就是其采用了倒排索引。倒排索引是一种专为搜索而特别设计的索引结构，倒排索引首先会对需要索引的字段执行分词操作，然后以分词为索引组成一个查找树，这样就把一个全文匹配的查找转换成了对树的查找，这是倒排索引能够实现快速搜索的根本原因。

但是，相较于一般数据库采用的 B 树索引，倒排索引的写入和更新性能都比较差，因此倒排索引只适合于全文搜索，而不适合于频繁更新的交易类数据。

## 7.4 思考题

在电商的搜索框中搜索商品时，搜索框通常会弹出一个搜索提示的功能，比如，用户输入“苹果”但还没有点击搜索按钮的时候，搜索框下面会提示“苹果手机”“苹果 11”“苹果电脑”这些建议的搜索关键字。请参阅 ES 的文档，然后思考如何用 ES 快速实现该搜索提示功能。

# 第8章 Chapter 8 备份与恢复

对于任何一个企业来说，数据安全的重要性不言而喻。本书的序言也曾强调过，凡是涉及数据的问题，都是会造成惨重损失的大问题。能够影响数据安全的事件，都是极小概率的事件（比如，数据库宕机、磁盘损坏甚至机房着火，还有业内调侃的“程序员不满老板删库跑路”），但这些事件一旦发生，我们的业务就会遭受惨重损失。

一般来说，由存储系统导致的比较严重的损失主要有两种情况。第一种情况是，数据丢失造成的直接财产损失。比如，订单数据丢失造成了大量的坏账。为了避免这种损失，系统需要保证数据的高可靠性。第二种情况是，由于存储系统的损坏，造成整个业务系统停止服务而带来的损失。比如，电商系统停服期间造成的收入损失。为了避免这种损失，系统需要保证存储服务的高可用性。

所谓防患于未然，一个系统从设计的第一天起，就需要考虑今后在出现各种问题的时候，如何保证该系统的数据安全性。本章就来讲解如何做好提前预防，以尽量将由数据安全类问题而导致的损失降到最低。

## 8.1 如何更安全地实现数据备份和恢复

保证数据安全，最简单且有效的方法就是定期备份数据，这样无论因为出现何种问题而导致的数据损失，都可以通过备份来恢复数据。但是，如何备份才能最大程度地保证数据安全，并不是一件简单的事情。

2018年曾出现过一次重大故障，某著名云服务商因为硬盘损坏，导致多个客户数据全部丢失。通常来说，一个大的云服务商，数据通常都会有多个备份，即使硬盘损坏，也不会导致数据丢失的重大事故，但是因为各种各样的原因，最终的结果是数据的三个副本都被删除，数据丢失无法找回。

所以，并不是简单地定期备份数据就可以高枕无忧了。下面就以最常用的MySQL为例来讲解，如何更安全地实现数据的备份和恢复。

最简单的备份方式就是全量备份。备份的时候，把所有的数据复制一份，存放到文件中，恢复的时候再把文件中的数据复制回去，这样就可以保证恢复之后，数据库中的数据与备份时的数据是完全一样的。在MySQL中，我们可以使用mysqldump命令执行全量备份。

比如，全量备份数据库test的命令如下：

```
$mysqldump -uroot -p test > test.sql
```

备份出来的文件是一个SQL文件，文件的内容就是创建数据库、表，写入数据等之类的SQL语句，如果要恢复数据，则直接执行这个备份的SQL文件就可以了：

```
$mysql -uroot test < test.sql
```

不过，全量备份的代价非常高，为什么这么说呢？

首先，备份文件包含了数据库中的所有数据，占用的磁盘空间非常大；其次，每次备份操作都要拷贝大量的数据，备份过程中会占用数据库服务器大量的CPU和磁盘IO资源。同时，为了保证数据一致性，备份过程中很有可能会锁表。这些都会导致在备份期间，数据库本身的性能严重下降。所以，我们不能频繁地对数据库执行全量备份操作。

一般来说，在生产系统中，每天执行一次全量备份就已经是非常频繁的了。这就意味着，如果数据库中的数据丢失了，就只能恢复到最近一次全量备份的那个时间点，这个时间点之后的数据是无法找回的。也就是说，因为全量备份的代价比较高，不能频繁地执行备份操作，所以全量备份不能做到完全无损的恢复。

既然全量备份代价太高，不能频繁执行，那么有没有代价较低的备份方法，能让我们的数据少丢失甚至不丢失呢？增量备份可以达到这个目的。相比于全量备份，增量备份每次只用备份相对于上一次备份发生了变化的那部分数据，所以增量备份的速度更快。

MySQL 自带的 Binlog，就是一种实时的增量备份工具。Binlog 所记录的就是 MySQL 数据变更的操作日志。开启 Binlog 之后，MySQL 中数据的每次更新操作，都会记录到 Binlog 中。Binlog 是可以回放的，回放 Binlog，就相当于是把之前对数据库中所有数据的更新操作，都按顺序重新执行一遍，回放完成之后，数据自然就恢复了。这就是 Binlog 增量备份的基本原理。很多数据库都有类似于 MySQL Binlog 的日志工具，原理也与 Binlog 相同，备份和恢复的方法也与之类似。

下面就来通过一个例子，讲解如何使用 Binlog 进行备份和恢复。首先，使用“ show variables like '%log_bin%'”命令确认一下是否开启了 Binlog 功能：

```
mysql> show variables like '%log_bin%';
+--------------------------------+----------------------------------+
| Variable_name                  | Value                            |
+--------------------------------+----------------------------------+
| log_bin                        | ON                               |
| log_bin_basename               | /usr/local/var/mysql/binlog      |
+--------------------------------+----------------------------------+
mysql> show master status;
+-------------+--------+-----------+---------------+----------------+
| File        |Position|Binlog_Do_DB|Binlog_Ignore_DB|Executed_Gtid_Set|
+-------------+--------+-----------+---------------+----------------+
|binlog.000001|   18745|           |               |                |
+-------------+--------+-----------+---------------+----------------+
```

我们可以看到，当前这个数据库已经开启了 Binlog，log_bin_basename 表示 Binlog 文件在服务器磁盘上的具体位置。然后，我们用“show master status”命令查看当前 Binlog 的状态，结果显示了正在写入的 Binlog 文件，以及其当前的位置。假设我们每天凌晨用 mysqldump 做一个全量备份，然后开启 Binlog，借助于这些备份操作，我们可以把数据恢复到全量备份之后的任意一个时刻。

下面就来做一个简单的备份恢复演示。我们先模拟一次“删库跑路”的场景，直接把账户余额表清空：

```
mysql> truncate table account_balance;
Query OK, 0 rows affected (0.02 sec)
mysql> select * from  account_balance;
Empty set (0.00 sec)
```

然后进行数据恢复，首先执行一次全量恢复，把数据库恢复到当天凌晨的状态：

```
$mysql -uroot test < dump.sql
mysql> select * from  account_balance;
+---------+---------+---------------------+--------+
| user_id | balance | timestamp           | log_id |
+---------+---------+---------------------+--------+
|       0 |     100 | 2020-02-13 20:24:33 |      3 |
+---------+---------+---------------------+--------+
```

可以看到，表里面的数据已经恢复了，但还是比较旧的数据。接下来，我们再用 Binlog 把数据恢复到“删库跑路”之前的那个时刻：

```
$mysqlbinlog --start-datetime "2020-02-20 00:00:00" --stop-datetime
    "2020-02-20 15:09:00" /usr/local/var/mysql/binlog.000001 | mysql
    -uroot
mysql> select * from  account_balance;
+---------+---------+---------------------+--------+
| user_id | balance | timestamp           | log_id |
+---------+---------+---------------------+--------+
|       0 |     200 | 2020-02-20 15:08:12 |      0 |
+---------+---------+---------------------+--------+
```

由恢复结果可以看出，数据已经恢复到当天的 15 点了。

通过定期的全量备份，配合 Binlog，我们可以把数据恢复到任意一个时间点，再也不怕程序员“删库跑路”了。详细的命令，可以参考 MySQL 官方文档中的“备份和恢复”相关章节。

在执行备份和恢复的时候，大家需要特别注意如下两个要点。

第一，也是最重要的，“不要把所有的鸡蛋放在同一个篮子中”，无论是全量备份还是 Binlog，都不要与数据库存放在同一个服务器上。最好能存放到不同的机房，甚至不同城市，离得越远越好。这样即使出现机房着火、光缆被挖断甚至地震也不怕数据丢失。

第二，在回放 Binlog 的时候，指定的起始时间可以比全量备份的时间稍微提前一点儿，这样可以确保全量备份之后的所有操作都在恢复的 Binlog 范围内，从而保证数据恢复的完整性。

因为回放 Binlog 的操作是具备幂等性的（为了确保回放的幂等性，需要将 Binlog 的格式设置为 ROW 格式）。关于幂等性，请回顾第 2 章的相关讲解，即无论是多次操作，还是一次操作，对系统产生的影响是一样的，所以重复回放的那部分 Binlog 并不会影响数据的准确性。

## 8.2 配置 MySQL HA 实现高可用性

通过全量备份加上 Binlog，我们可以把数据库恢复到任意一个时间点，这样至少可以保证数据不会丢失了。即使数据库服务器宕机了，因为我们有备份数据，所以完全可以启动一个新的数据库服务器，把备份数据恢复到新的数据库上，这样新的数据库就可以替代宕机的数据库，继续提供服务。

但是，恢复数据的时间通常是很长的，如果数据量比较大，则有可能需要恢复好几个小时。在这几个小时内，如果系统一直处于不可用的状态，那肯定是不行的。这个问题又该如何解决呢？很简单，答案就是，不要等到数据库宕机了，才开始做恢复，我们完全可以提前就做好恢复。

首先，准备一台备用的数据库，通过恢复操作，使它的数据与主库中的数据保持一致，然后在主、备数据库之间实时地同步 Binlog。主库做了一次数据变更之后，会生成一条 Binlog，我们把这条 Binlog 复制到备用库并立即回放，这样就可以让备用库中的数据与主库中的数据一直保持一致了。一旦主库宕机，就可以立即切换到备用库上继续提供服务。这就是 MySQL 的高可用方案，也称为 MySQL HA。

MySQL 自身就提供了主从复制的功能，通过配置，我们可以让一主一备两台 MySQL 数据库保持数据同步。具体的配置方法请参考 MySQL 官方文档中的“复制”一章。

下面我们再来讨论一下这个方案存在的问题。当我们对主库执行一次更新操作的时候，主、从两个数据库更新数据的实际时序具体如下。

1）在主库的磁盘上写入 Binlog。

2）主库更新存储引擎中的数据。

3）向客户端返回成功响应。

4）主库把 Binlog 复制到从库。

5）从库回放 Binlog，更新存储引擎中的数据。

也就是说，从库的数据有可能会比主库上的数据旧一些，这个主、从库之间复制数据的延迟，称为“主从延迟”。正常情况下，主从延迟基本上都是毫秒级别的，因此大致上可以认为主、从库之间是实时保持同步的。比较麻烦的是不正常的情况，一旦主库或从库繁忙的时候，就有可能会出现明显的主从延迟。

在大多数情况下，数据库都不是突然宕机的，而是先繁忙，再性能下降，最终宕机。这种情况下，主从延迟很有可能会变得很大，如果我们把业务直接切到从库上继续读写，那么主从延迟这部分数据就丢失了，并且这个数据丢失是不可逆的。即使事后能够找回当时主库的 Binlog，也是没法做到自动恢复的，因为它与从库的数据是冲突的。

综上所述，如果主库宕机，并且主从存在延迟，在这种情况下，切换到从库继续读写，虽然可以保证业务的可用性，但是主从延迟这部分数据就丢失了。面对上述问题，我们需要做一个选择题，第一个选项是，为了保证不发生丢失数据的问题，牺牲可用性，暂时停止服务，想办法把主库的 Binlog 恢复到从库上之后再提供服务。第二个选项是，冒着丢失一些数据的风险，保证服务的可用性，第一时间切换到从库继续提供服务。

那么能不能既保证数据不丢失，又能保证服务的高可用性呢？答案是可以的，只是需要牺牲一些性能。MySQL 支持同步复制，开启同步复制时，MySQL 主库会等待数据成功复制到从库之后，再向客户端返回响应。

如果需要牺牲的这点儿性能是可以接受的，那么这个方案是不是就完美了呢？也不是，新的问题又来了！假设这种情况下，从库宕机了又该怎么办？本来从库宕机对主库是完全没有影响的，因为现在主库要等待从库写入成功之后再返回，从库宕机，主库就会一直等待从库，主库也会因此卡死。

这个问题也有解决办法，那就是再加一个从库，把主库成功复制到任意一个从库之后就返回，只要有一个从库还活着，就不会影响主库写入数据，这样就解决了从库宕机阻塞主库的问题。如果主库发生宕机，在两个从库中，至少有一个从库中的数据是与主库完全一样的，可以把这个从库作为新的主库，继续提供服务。为此，我们需要付出的代价是，至少要准备三台数据库服务器，并且这三台服务器提供的服务性能，可能还不如一台服务器的高。

下面对上述三种典型的 HA 方案做一个总结（如表 8-1 所示），以便于大家对比选择。

表 8-1 三种典型的 HA 方案

| 方案 | 高可用 | 可能丢数据 | 性能 |
| --- | --- | --- | --- |
| 一主一从，异步复制，手动切换 | 否 | 可控 | 好 |
| 一主一从，异步复制，自动切换 | 是 | 是 | 好 |
| 一主二从，同步复制，自动切换 | 是 | 否 | 差 |

## 8.3 小结

本章主要讲解了两个问题，一是如何备份和恢复数据库中的数据，以确保数据安全；二是如何实现数据库的高可用性，以避免宕机停服。虽然这是两个不同的问题，但这两个问题的解决方案其背后的实现原理是一样的。高可用性依赖的是数据复制，数据复制的本质就是一个库中备份了数据，然后从该库恢复到另外一个库。

数据备份时，使用低频度的全量备份配合 Binlog 增量备份，是一种常用而且非常实用的方法。使用这种备份方法，我们可以把数据库的数据精确地恢复到历史上的任意一个时刻，这样做不仅能解决数据损坏的问题，也不用担心出现误操作和“删库跑路”的意外。需要特别注意的是，备份数据应尽量远离数据库。

本章所讲的几种 MySQL 典型的 HA 方案，在数据可靠性、数据库可用性、性能和成本几个方面，各有利弊，需要大家根据业务情况，做一个最优的选择，并且为可能存在的风险做好准备。

## 8.4 思考题

你所负责的系统数据库是如何实现高可用性的，存在哪些风险和问题，读完本章的内容后，你会如何改进这个高可用方案？

第二篇 Part 2

# 高速增长

到目前为止，我们已经掌握了在一个小型电商系统中，如何构建相应的存储系统。随着系统规模的不断增长，数据量也会随之持续增加，系统面临的挑战也将有所不同。在创业阶段，我们倾向于采用低成本的方式快速搭建系统以支撑业务。而在系统高速增长阶段，系统所面临的挑战则来自变化。

随着数据规模的快速增长，原有的存储系统如何做才能防止查询变得越来越慢？当数据越来越多，达到数据库容量上限时，新增的数据无处可存又该怎么办？系统的用户越来越多，数据库能否满足高并发的需求？这些都是企业在高速增长过程中，一定会面对和需要解决的问题。在高速增长篇中，我们将重点关注在高速变化的过程中，系统一定会遇到的具有共通性的存储问题，以及应该如何应对这些问题。在解决问题的过程中，我们也将学习到问题背后更深入的存储知识。

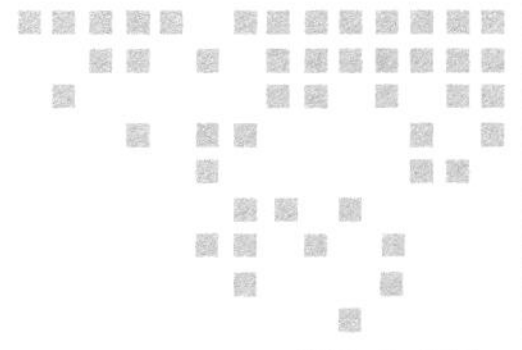

第 9 章 Chapter 9

# 优化 SQL

## 9.1 每个系统必踩的“坑”：访问数据库超时

创业公司的系统在随着公司业务一起发展壮大的过程中，难免会发生一些故障或事故，甚至会严重到影响公司的业务，业内将这种情况称为“坑”，将分析解决问题的过程，称为“填坑”，而访问数据库超时就是最常见的坑儿。

下面就来分析一个典型的数据库超时案例，一方面希望大家能够吸取其中的经验教训，避免踩类似的“坑”；另一方面希望大家能够掌握分析方法，即使今后遇到类似的问题，也能快速解决。最重要的是，希望大家能够从中学习存储系统的架构设计思想，从架构层面降低故障对系统的破坏程度。

### 9.1.1 事故排查过程

电商公司大都希望做社交引流，社交公司大都希望做电商，从而将流量变现，所以社交电商一直是热门的创业方向。这个真实的案例来自某家做社交电商的创业公司。

下面就来一起看下这个典型的数据库超时案例。

从圣诞节平安夜开始，每天晚上固定十点到十一点这个时间段，该公司的系统会瘫痪一个小时左右的时间，过了这个时间段，系统就会自动恢复正常。系统瘫痪时，网页和 App 都打不开，数据库服务请求超时。

如图 9-1 所示，该公司的系统架构是一个非常典型的小型创业公司的微服务架构。

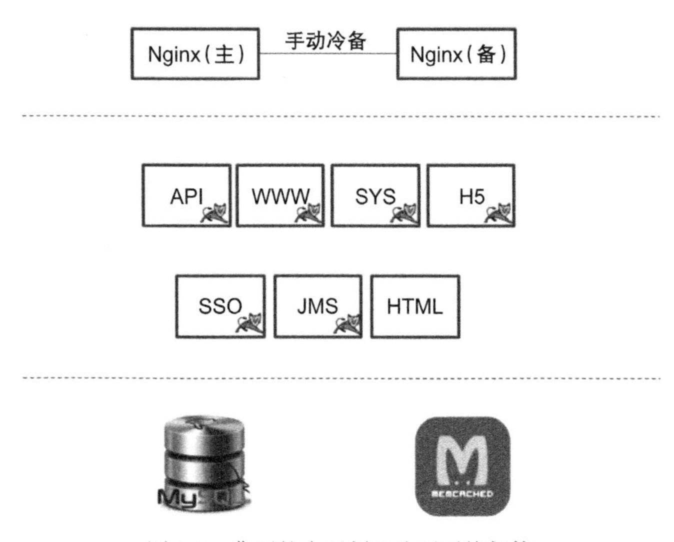


图 9-1 典型的小型创业公司系统架构

该公司将整个系统托管在公有云上，Nginx 作为前置网关承接前端的所有请求。后端根据业务，划分了若干个微服务分别进行部署。数据保存在 MySQL 数据库中，部分数据用 Memcached 做了前置缓存。数据并没有按照微服务最佳实践的要求，进行严格的划分和隔离，而是为了方便，存放在了一起。

这种存储设计方式，对于一个业务变化极快的创业公司来说是比较合理的。因为它的每个微服务，随时都在随着业务需求的变化而发生改变，如果做了严格的数据隔离，反而不利于应对需求的变化。

开始分析这个案例时，我首先注意到的一个关键现象是，每天晚上十点到十一点这个时间段，是绝大多数内容类 App 访问量的高峰期。因为这个时间段很多人都会躺在床上玩手机，因此我初步判断，这个故障可能与访问量有关。图 9-2 所示的是该系统每天各个时间段的访问量趋势图，正好可以印证我的初步判断。

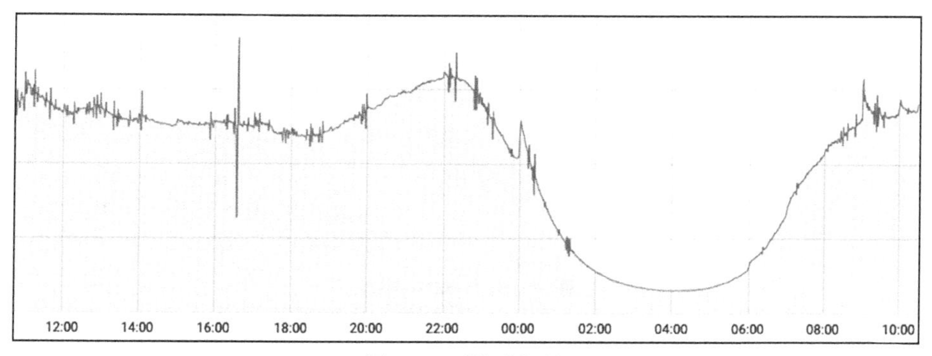


图 9-2 系统访问量

基于这个判断，排查问题的重点应该放在那些服务于用户访问的功能上，比如，首页、商品列表页、内容推荐等功能。

在访问量达到峰值的时候，请求全部超时。而随着访问量的减少，系统又能自动恢复，因此基本上可以排除后台服务被大量请求冲垮，进程僵死或退出的可能性。因为如果进程出现这种情况，一般是不会自动恢复的。排查问题的重点应该放在 MySQL 上。

观察图 9-3 所示的 MySQL 服务器各时段的 CPU 利用率监控图，我们可以发现其中的问题。

从监控图上可以看出，故障时段 MySQL 的 CPU 利用率一直是 100%。这种情况下，MySQL 基本上处于不可用的状态，执行所有的 SQL 都会超时。在 MySQL 中，这种 CPU 利用率高的现象，绝大多数情况下都是由慢 SQL 导致的，所以需要优先排查慢 SQL。MySQL 和各大云厂商提供的 RDS（关系型数据库服务）都能提供慢 SQL 日志，分析慢 SQL 日志，是查找造成类似问题的原因最有效的方法。

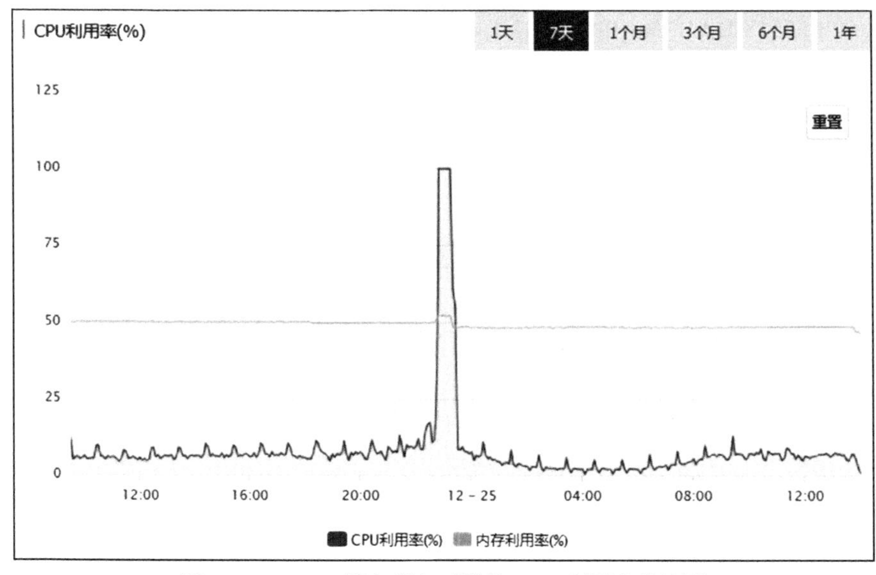


图 9-3 MySQL 服务器各时段的 CPU 利用率监控图

一般来说，慢 SQL 日志中，会包含这样一些信息：SQL 语句、执行次数、执行时长。通过分析慢 SQL 查找问题，并没有什么标准的方法，主要还是依靠经验。

首先，我们需要知道的一点是，当数据库非常忙的时候，任何一个 SQL 的执行都会很慢。所以并不是说，慢 SQL 日志中记录的这些慢 SQL 都是有问题的 SQL。大部分情况下，导致问题的 SQL 只是其中的一条或几条，不能简单地依据执行次数和执行时长进行判断。但是，单次执行时间特别长的 SQL，仍然是应该重点排查的对象。

通过分析这个系统的慢 SQL 日志，我首先找到了一条特别慢的 SQL。以下代码是这条 SQL 的完整语句：

```
select fo.FollowId as vid, count(fo.id) as vcounts
from follow fo, user_info ui
where fo.userid = ui.userid
and fo.CreateTime between
str_to_date(?, '%Y-%m-%d %H:%i:%s')
and str_to_date(?, '%Y-%m-%d %H:%i:%s')
and fo.IsDel = 0
```

```
and ui.UserState = 0
group by vid
order by vcounts desc
limit 0,10
```

这条 SQL 支撑的功能是一个“网红”排行榜，用于排列出“粉丝”数最多的前 10 名“网红”。

请注意，这种排行榜的查询，一定要做缓存。在上述案例中，排行榜是新上线的功能，由于没有做缓存，导致访问量高峰时间段服务卡死，因此增加缓存应该可以有效解决上述问题。

为排行榜增加缓存后，新版本立即上线。本以为问题就此可以得到解决，结果到了晚高峰时间段，系统仍然出现了各种请求超时，页面打不开的问题。

再次分析慢 SQL 日志，我发现排行榜的慢 SQL 不见了，说明缓存生效了。日志中的其他慢 SQL，查询次数和查询时长的分布都很均匀，找不到明显有问题的 SQL。

于是，我再次查看 MySQL 服务器各时段的 CPU 利用率监控图，如图 9-4 所示。

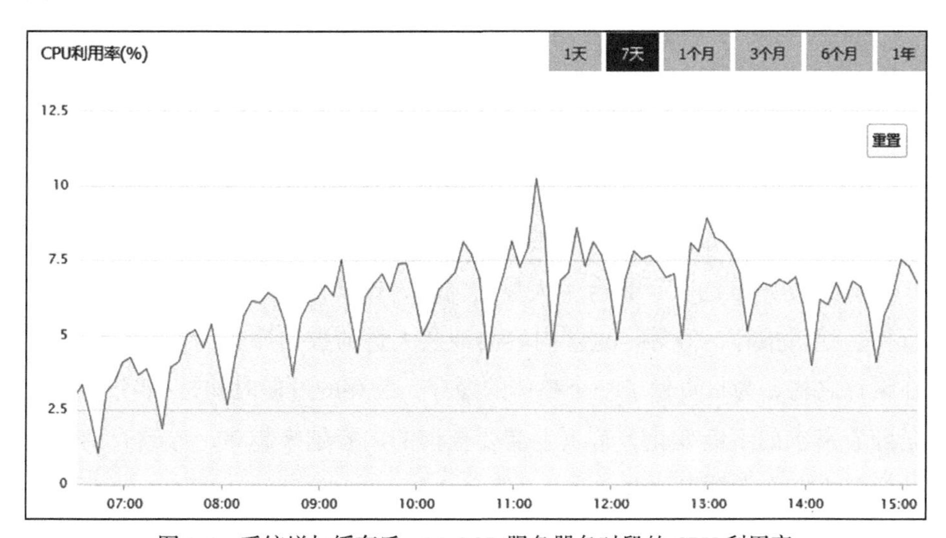


图 9-4　系统增加缓存后，MySQL 服务器各时段的 CPU 利用率

把图放大后，我又从中发现了如下两点规律。

1）CPU 利用率，以 20 分钟为周期，非常有规律地进行波动。

2）总体的趋势与访问量正相关。

那么，我们是不是可以猜测一下，如图 9-5 所示，MySQL 服务器的 CPU 利用率监控图的波形主要由两个部分构成：参考线以下的部分，是正常处理日常访问请求的部分，它与访问量是正相关的；参考线以上的部分，来自某个以 20 分钟为周期的定时任务，与访问量关系不大。

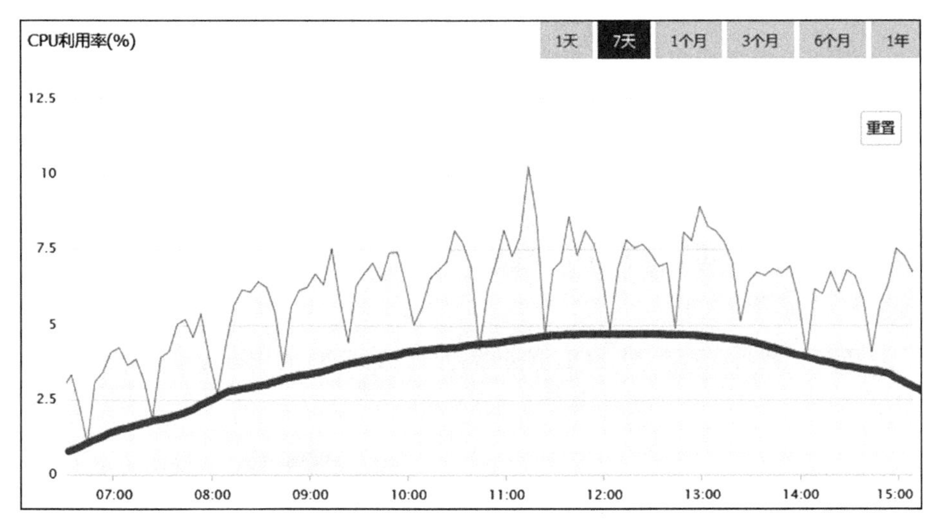


图 9-5 系统增加缓存后，MySQL 服务器各时段的 CPU 利用率（附带参考线）

排查整个系统，并未发现有以 20 分钟为周期的定时任务，继续扩大排查范围，排查周期小于 20 分钟的定时任务，最后终于定位到了问题所在。

该公司 App 的首页聚合了大量的内容，比如，精选商品、标题图、排行榜、编辑推荐，等等。这些内容会涉及大量的数据库查询操作。该系统在设计之初，为首页做了一个整体的缓存，缓存的过期时间是 10 分钟。但是随着需求的不断变化，首页上需要查询的内容越来越多，导致查询首页的全部内容变得越来越慢。

通过检查日志可以发现，刷新一次缓存的时间竟然长达 15 分钟。缓存是每隔 10 分钟整点刷新一次，因为 10 分钟内刷不完，所以下次刷新就推迟到了 20 分钟之后，这就导致了图 9-5 中，参考线以上每 20 分钟一个周期的规律波形。由于缓存的刷新比较慢，导致很多请求无法命中缓存，因此大量请求只能穿透缓存直接查询数据库。图 9-5 中参考线以下的部分，包含了很多这类请求占用的 CPU 利用率。

找到了问题的原因所在，下面就来进行针对性的优化，问题很快就得到了解决。新版本上线之后，再也没有出现过“午夜宕机”的问题。如图 9-6 所示，对比优化前后 MySQL 服务器的 CPU 利用率，可以看出，优化的效果非常明显。

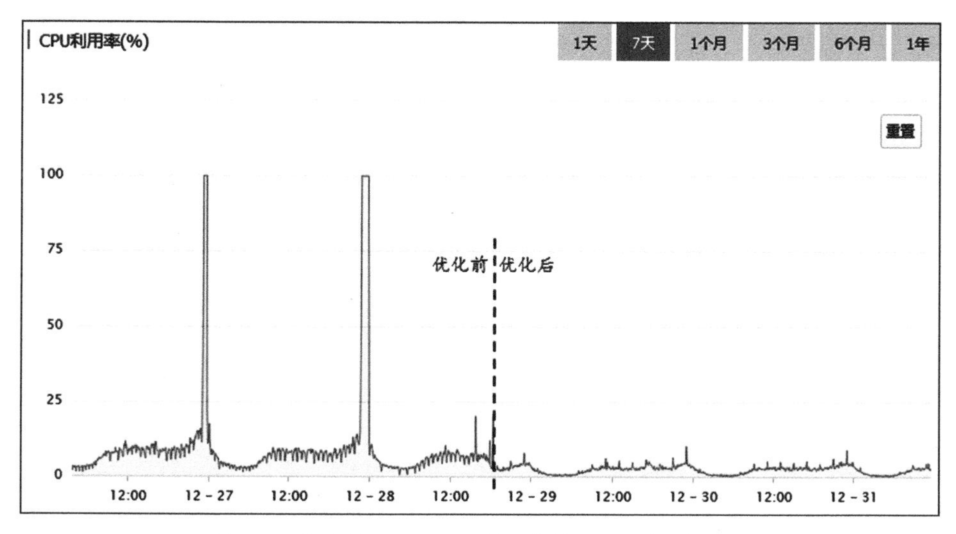


图 9-6 优化前后 MySQL 服务器的 CPU 利用率对比

### 9.1.2 如何避免悲剧重演

至此，导致问题的原因找到了，问题也得到了圆满解决。单从这个案例来看，问题的原因在于，开发人员在编写 SQL 时，没有考虑数据量和执行时间，缓存的使用也不合理。最终导致在访问高峰期时，MySQL 服务器被大量的查询请求卡死，而无法提供服务。

作为系统的开发人员，对于上述问题，我们可以总结出如下两点经验。

第一，在编写 SQL 的时候，一定要小心谨慎、仔细评估，首先思考如下三个问题。

- SQL 所涉及的表，其数据规模是多少？
- SQL 可能会遍历的数据量是多少？
- 如何尽量避免写出慢 SQL？

第二，能不能利用缓存减少数据库查询的次数？在使用缓存的时候，我们需要特别注意缓存命中率，应尽量避免请求因为命中不了缓存，而直接穿透到数据库上。

不过，我们无法保证，整个团队的所有开发人员以后都不会再犯这类错误。但是，这并不意味着，上述问题就无法避免了，否则大企业的服务系统会因为每天上线大量的 BUG 而无法正常工作。实际情况是，大企业的系统通常都是比较稳定的，基本上不会出现全站无法访问的问题，这要归功于其优秀的系统架构。优秀的系统架构，可以在一定程度上，减轻故障对系统的影响。

针对这次事故，我在系统架构层面，为该公司提了两条改进的建议。

第一条建议是，上线一个定时监控和杀掉慢 SQL 的脚本。这个脚本每分钟执行一次，检测在上一分钟内，有没有执行时间超过一分钟（这个阈值可以根据实际情况进行调整）的慢 SQL，如果发现，就直接杀掉这个会话。

这样可以有效地避免因为一个慢 SQL 而拖垮整个数据库的悲剧。即使出现慢 SQL，数据库也可以在至多 1 分钟内自动恢复，从而避免出现数据库长时间不可用的问题。不过，这样做也是有代价的，可能会导致某些功能，之前运行是正常的，在这个脚本上线后却出现了问题。但是，总体来说，这个代价还是值得付出的，同时也可以反过来督促开发人员，使其更加小心谨慎，避免写出慢 SQL。

第二条建议是，将首面做成一个简单的静态页面，作为降级方案，首页上只要包含商品搜索栏、大的品类和其他顶级功能模块入口的链接就可以了。在Nginx上实现一个策略，如果请求首页数据超时，则直接返回这个静态页面的首页作为替代。后续即使首页再出现任何故障，也可以暂时降级，用静态首页替代，至少不会影响到用户使用其他功能。

这两条改进建议的实施都是非常容易的，不需要对系统进行很大的改造，而且效果也是立竿见影的。

当然，这个系统的存储架构还有很多可以改进的地方，比如，对数据做适当的隔离，改进缓存置换策略，将数据库升级为主从部署，把非业务请求的数据库查询迁移到单独的从库上，等等，只是这些改进都需要对系统做出比较大的改动升级，需要从长计议之后再在系统后续的迭代过程中逐步实施。

### 9.1.3　小结

本章分析了一个由于慢SQL导致网站服务器访问故障的案例。在“破案”的过程中，我分享了一些很有用的经验，这些经验对于大家在工作中遇到类似问题时会有很大的参考作用。下面再来梳理一下这些经验。

1）根据故障时段出现在系统繁忙时这一现象，推断出故障原因与支持用户访问的功能有关。

2）根据系统能在流量峰值过后自动恢复这一现象，排除后台服务被大量请求冲垮的可能性。

3）根据服务器的CPU利用率曲线的规律变化，推断出故障原因可能与定时任务有关。

在故障复盘阶段，我们针对故障问题本身的原因，做了针对性的预防和改进，除此之外，更重要的是，在系统架构层面也进行了改进，整个系统变得更加健壮，不至于因为某个小的失误，就导致出现全站无法访问的问题。

我为该系统提出的第一个建议是定时自动杀死慢SQL，原因是：系统的关键部分要有自我保护机制，以避免因为外部的错误而影响到系统的关键部分。第二个建议是首页降级，原因是：当关键系统出现故障的时候，要有临时的降级方案，以尽量减少故障造成的不良影响。

这些架构上的改进措施，虽然不能完全避免故障，但是可以在很大程度上减小故障的影响范围，减轻故障带来的损失，希望大家能够仔细体会，活学活用。

### 9.1.4 思考题

请思考，以你个人的标准，什么样的 SQL 算是慢 SQL？如何才能避免写出慢 SQL？

## 9.2 如何避免写出“慢 SQL”

9.1 节的案例向我们展示了一个慢 SQL 是如何让 MySQL 数据库直接瘫痪的。本节就来讨论如何避免写出危害数据库的慢 SQL。

所谓慢 SQL，就是执行特别慢的 SQL 语句。什么样的 SQL 语句才是慢 SQL？多慢才算是慢 SQL？对于这类问题，并没有一个非常明确的标准，或者说是界限。但这并不代表区分正常的 SQL 和慢 SQL 很困难，在实际的大多数系统中，慢 SQL 消耗掉的数据库资源，往往是正常 SQL 的几倍、几十倍，甚至几百倍，所以慢 SQL 还是非常容易区分的。

问题是，我们不能等到系统上线，慢 SQL 消耗完数据库的资源之后，再找出慢 SQL 来改进，那样将会造成很多不良影响。那么，怎样才能在开发阶段就尽量避免写出慢 SQL 呢?

### 9.2.1 定量认识 MySQL

我们先来回顾一下 9.1 节的案例，系统第一次全站宕机发生在平安夜。故障发生之前的一段时间内，系统并没有更新过版本，其实这个时候，慢 SQL 已经存在了。直到平安夜那晚，访问量的峰值比平时增加了一些，正是增加的这部分访问量，成了压垮骆驼的最后一根稻草，引发了数据库的“雪崩”。

这说明，慢 SQL 对数据库的影响，是一个从量变到质变的过程，对“量”的把握，对于开发人员来说是很重要的。一个合格的程序员，需要对数据库的能力有一个定量的认识。

影响 MySQL 处理能力的因素有很多，比如，服务器的配置、数据库中数据量的大小、MySQL 的一些参数配置、数据库的繁忙程度，等等。但是，通常情况下，这些因素对于 MySQL 的性能和处理能力的影响，大概在一个数量级的范围内，也就是上下几倍的性能差距。所以，我们不需要知道精确的性能数据，只要掌握一个大致的量级，就足够应对实际的开发工作了。

目前，一台普通的 MySQL 数据库服务器，处理能力的极限大致是，每秒一万条左右的简单 SQL。这里的“简单 SQL”，指的是类似于主键查询这种不需要遍历很多条记录的 SQL 语句。根据配置的高低，服务器的处理能力也会有所不同，可能低配的服务器只能达到每秒几千条，高配的服务器则可以达到每秒几万条，所以这里给出的每秒一万条是中位数的经验值。考虑到正常的系统不可能只有简单 SQL，所以实际的处理能力还要打很大折扣。

我个人的经验是，一台 MySQL 数据库服务器，平均每秒执行的 SQL 数量在几百左右，一般就已经是非常繁忙了。即使看起来 CPU 利用率和磁盘繁忙程度并不高，我们也需要考虑为数据库“减负”了。

另外一个重要的定量指标是，多慢的 SQL 才算是慢 SQL？这里的“慢”，衡量的单位本来是执行时长，但是对于时长这个指标，我们在编写 SQL 的时候并不好衡量。因此可以用执行 SQL 查询时，需要遍历的数据行数来替代时间作为衡量标准，因为查询的执行时长与遍历的数据行数基本上是正相关的。

我们在编写一条查询语句的时候，可以依据所要查询数据表的数据总量估算一下这条查询大致需要遍历多少行数据。如果遍历的行数在百万以内，只要不是每秒都要执行几十上百次的查询，就可以认为该查询是安全的。遍历数据行数达到几百万量级的，查询最快也要花费几秒的时间，这时我们就要仔细考虑有没有优化的办法。遍历行数达到千万量级或以上的，这种 SQL 就不应该出现在系统中了。当然，我们这里讨论的都是在线交易系统，离线分析类系统另当别论。

遍历行数达到千万量级的 SQL，是 MySQL 查询的一个坎儿。在 MySQL 中，单个表的数据量，也要尽量控制在一千万条以下，最多不要超过两三千万这个量级。原因很简单，对一个千万量级的表执行查询，加上几个 WHERE 条件过滤一下，符合条件的数据最多可能是几十万或百万量级的，还是可以接受的。但如果再与其他的表做一个联合查询，遍历的数据量很可能就会超过千万量级了。所以，每个表的数据量最好控制在千万量级以内。

如果数据库中的数据量本身就很多，而且查询业务逻辑确实需要遍历大量数据，应该怎么办呢？

### 9.2.2 使用索引避免全表扫描

使用索引，可以有效减少执行查询时遍历数据的行数，从而提高查询的性能。

数据库索引的原理比较简单，一个例子就能说明白。比如，有一个无序的数组，数组中的每个元素都是一个用户对象。如果我们要把所有姓李的用户都找出来，那么比较笨的办法是，用一个循环把数组遍历一遍。

是否还有更好的办法呢？答案是肯定的。比如，我们可以用一个 Map（在某些编程语言中是 Dictionary）来为数组做一个索引，Key 用于保存姓氏，值是所有这个姓氏的用户对象在数组中序号的集合，如图 9-7 所示。这样在查找的时候，就不用遍历数组了，只需要先在 Map 中查找，然后再根据序号直接去数组中获取用户数据即可，这样查找速度就快多了。

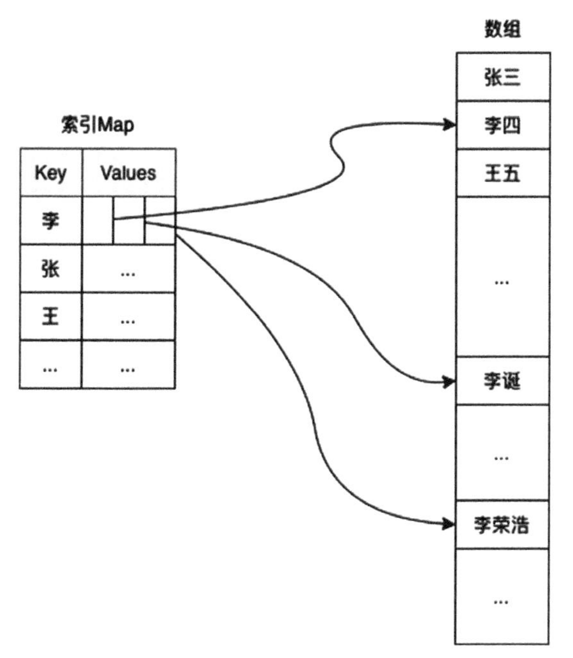


图 9-7　基于 Map 构建的内存索引

下面我们把这个例子对应到数据库中，存放用户数据的数组就是表，我们构建的 Map 就是索引。实际上，数据库索引的数据结构与编程语言中的 Map 或 Dictionary 的结构差不多，基本上都是各种 B 树和哈希表。

绝大多数情况下，我们编写的查询语句，都应该使用索引，以避免遍历整张表，也就是通常所说的，避免全表扫描。在开发新功能时，每当需要为数据库增加一个新的查询时，我们都要事先评估一下，是否可以由索引支撑新的查询语句，如果有必要，则需要新建索引，以支持新增的查询。

但是，增加索引需要付出的代价是，会降低数据插入、删除和更新的性能。这一点也很好理解，增加了索引之后，当数据发生变化的时候，不仅要变更数据表里的数据，还要变更各个索引。所以，对于更新频繁并且对更新性能要求较高的表，可以尽量少建索引。而对于查询较多、更新较少的表，可以根据查询的业务逻辑，适当多建一些索引。

那么，如何写 SQL 才能更好地利用索引，使查询效率更高呢？这是一门技艺，需要有丰富的经验，不是学习完本章的内容就能练成的。但是，对于 SQL 的查询性能，我们还是有方法评估其是否为一个潜在的“慢 SQL”的。

对于逻辑不是很复杂的单表查询，我们可能还可以分析出查询会使用哪个索引。但如果是比较复杂的多表联合查询，单看 SQL 语句本身，我们将很难分析出查询到底会使用哪些索引，会遍历多少行数据。MySQL 和大部分数据库都提供了一个可用于分析查询的功能，即执行计划。

### 9.2.3 分析 SQL 执行计划

在 MySQL 中使用执行计划非常简单，只要在 SQL 语句前面加上 EXPLAIN 关键字，然后执行这个查询语句就可以了。

下面就来举例说明，比如，有这样一个用户表，包含用户 ID、姓名、部门编号和状态这几个字段，如图 9-8 所示。

```
mysql> desc user;
+-----------------+---------------------+------+-----+---------+----------------+
| Field           | Type                | Null | Key | Default | Extra          |
+-----------------+---------------------+------+-----+---------+----------------+
| id              | bigint(19) unsigned | NO   | PRI | NULL    | auto_increment |
| name            | varchar(50)         | NO   |     | NULL    |                |
| department_code | varchar(50)         | NO   | MUL | NULL    |                |
| status          | tinyint(4)          | NO   |     | NULL    |                |
+-----------------+---------------------+------+-----+---------+----------------+
```

图 9-8 用户表示例

我们希望查询某个二级部门下的所有人，查询条件是，部门代号以 00028 开头的所有人。下面这两个 SQL 语句的查询结果是一样的，都满足要求。那么，哪个查询语句的性能更好呢？

```
SELECT * FROM user WHERE left(department_code, 5) = '00028';
SELECT * FROM user WHERE department_code LIKE '00028%';
```

我们分别查看一下这两个 SQL 语句的执行计划，如图 9-9 所示。

下面就来分析一下这两个 SQL 语句的执行计划。首先来看 rows 这一列，rows 列的含义是，MySQL 预估执行这个 SQL 可能会遍历的数据行数。

第一个 SQL 遍历了 4534 行，即整个 User 表的数据条数；第二个 SQL 只有 8 行，这 8 行其实就是符合条件的 8 条记录。显然，第二个 SQL 的查询性能要远高于第一个 SQL。

```
mysql> EXPLAIN SELECT * FROM user WHERE left(department_code, 5) = '00028';
+----+-------------+-------+------+---------------+------+---------+------+------+-------------+
| id | select_type | table | type | possible_keys | key  | key_len | ref  | rows | Extra       |
+----+-------------+-------+------+---------------+------+---------+------+------+-------------+
|  1 | SIMPLE      | user  | ALL  | NULL          | NULL | NULL    | NULL | 4534 | Using where |
+----+-------------+-------+------+---------------+------+---------+------+------+-------------+
1 row in set (0.00 sec)

mysql> EXPLAIN SELECT * FROM user WHERE department_code LIKE '00028%';
+----+-------------+-------+-------+--------------------------+--------------------------+---------+------+------+-------------+
| id | select_type | table | type  | possible_keys            | key                      | key_len | ref  | rows | Extra       |
+----+-------------+-------+-------+--------------------------+--------------------------+---------+------+------+-------------+
|  1 | SIMPLE      | user  | range | idx_user_department_code | idx_user_department_code | 152     | NULL |    8 | Using where |
+----+-------------+-------+-------+--------------------------+--------------------------+---------+------+------+-------------+
1 row in set (0.00 sec)
```

图 9-9 两个 SQL 语句的执行计划

为什么第一个 SQL 需要全表扫描，而第二个 SQL 只需要遍历很少的行数呢？注意看 type 这一列，type 列表示这个查询的访问类型。ALL 代表全表扫描，这是性能最差的情况。range 代表使用了索引，表示只在索引中进行范围查找，这是因为 SQL 语句的 WHERE 条件中有一个 LIKE 的查询限制。如果直接使用了索引，则 type 列显示的是 index，并且可以在 key 列中看到实际上使用的是哪个索引。

通过对比这两个 SQL 的执行计划，我们可以看到，第二个 SQL 虽然使用了公认为低效的 LIKE 查询条件，但是由于用到了索引的范围查找，因此遍历数据的行数远远少于第一个 SQL，查询性能更好。

### 9.2.4 小结

在开发阶段，衡量一个 SQL 语句查询性能的手段是，预估执行 SQL 时需要遍历的数据行数。如果遍历行数在百万量级以内，则可以认为是安全的 SQL ；百万到千万这个量级，则需要仔细评估和优化；千万量级以上则是非常危险的。为了降低写出慢 SQL 的可能性，每个数据表的行数最好控制在千万量级以内。

索引可以显著减少查询遍历数据的数量，所以提升 SQL 查询性能最有效的方式是，让查询尽可能多地使用索引。但是，索引也是一把双刃剑，其在提升查询性能的同时，也会降低数据更新的性能。

对于复杂的查询，最好使用 SQL 执行计划，事先对查询做一个分析。从 SQL 执行计划的结果中，我们可以看到查询预估的遍历行数，以及其会使用哪些索引。执行计划也可以很好地帮助大家对查询语句进行优化。

### 9.2.5 思考题

请思考，9.2.3 节所讨论的 SQL 执行计划的示例中，为什么第一个 SQL 没有使用索引呢？

```
SELECT * FROM user WHERE left(department_code, 5) = '00028';
```

## 9.3 SQL 在数据库中的执行

9.2 节讨论了如何避免写出慢 SQL，并给出了一个思考题，即在下面这两个 SQL 中，为什么第一个 SQL 在执行的时候没有使用索引？

```
SELECT * FROM user WHERE left(department_code, 5) = '00028';
SELECT * FROM user WHERE department_code LIKE '00028%';
```

原因是，在第一个 SQL 的 WHERE 条件中，执行语句对 department_code 列做了一个 left 截取的计算，这就意味着，对于表中的每一条数据，都要先做截取计算，然后判断截取后的值，所以不得不做全表扫描。因此，我们在写 SQL 的时候，尽量不要在 WHERE 条件中对列做任何计算。

请再思考另一个问题，这两个 SQL 中的 WHERE 条件的写法很明显不一样，但它们的语义是否相同呢？是不是都可以解释成：

department_code 这一列前 5 个字符是 00028？

答案是，从语义上来说，两者没有任何不同。所以，它们的查询结果也是完全一样的。那么，到底为什么第一条 SQL 就得全表扫描，第二条

SQL 就可以使用索引呢?

对于我们日常编写 SQL 的一些优化方法，比如，上文提到的“尽量不要在 WHERE 条件中对列做计算”，很多开发者只是知道这些方法，却不知道为什么按照这些方法写出来的 SQL 更快。

要回答这些问题，我们需要先了解一些数据库的实现原理。对于很多开发者来说，数据库就像是一个黑盒子，很多人会写 SQL，会用数据库，但并不知道盒子里面到底是怎么一回事儿。因此，大家只能机械地记住并遵循各种优化规则，却不知道为什么要遵循这些规则，自然也就谈不上灵活运用了。下面就来打开盒子看一看，SQL 在数据库中是如何执行的。

数据库是一个非常复杂的软件系统，本节会尽量忽略复杂的细节，以一种简单的方式讲解数据库最主要的原理。不过，即便如此，本节的内容也依然会非常硬核，因此大家要有所准备。

数据库的服务端，可以划分为执行器（Execution Engine）和存储引擎（Storage Engine）两部分。执行器负责解析 SQL 执行查询，存储引擎负责保存和读写数据。

### 9.3.1 SQL 在执行器中是如何执行的

本节将通过一个示例来讲解执行器是如何解析并执行一条 SQL 语句的。示例代码如下：

```
SELECT u.id AS user_id, u.name AS user_name, o.id AS order_id
FROM users u INNER JOIN orders o ON u.id = o.user_id
WHERE u.id > 50
```

这个 SQL 的语义是，查询用户 ID 大于 50 的用户的所有订单。这是一个很简单的联查，需要查询 users 和 orders 这两张表，WHERE 条件是，用户 ID 大于 50。

数据库收到查询请求后，需要先解析 SQL 语句，将这一串文本解析成便于程序处理的结构化数据，这就是一个通用的语法解析过程。语法解析过程与计算机编程语言的编译器在编译时解析源代码的过程是完全一样的。部分大学计算机专业开设的《编译原理》课程，用了很大的篇幅来讲解语法解析的内容。没有学过《编译原理》的也不用担心，即使暂时不清楚 SQL 文本是如何转换成结构化数据的，也不妨碍对下面内容的学习和理解。

转换后的结构化数据，就是一棵树，称为抽象语法树（Abstract Syntax Tree，AST）。上面示例代码中的 SQL，其抽象语法树如图 9-10 所示。

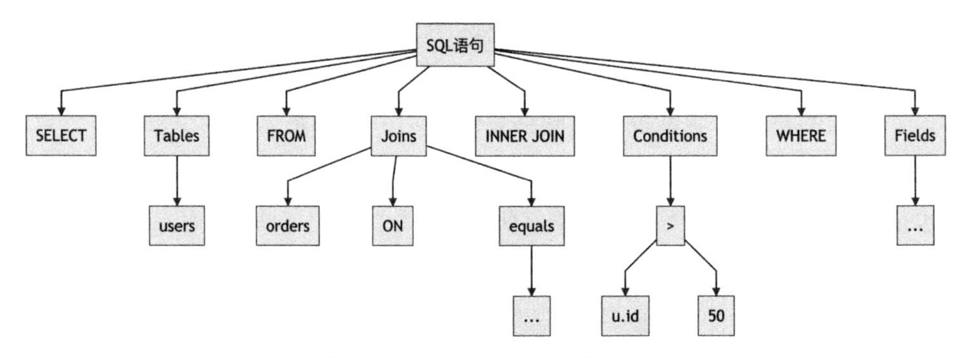


图 9-10 示例 SQL 的抽象语法树

抽象语法树非常复杂，图 9-10 只是画出了其中的主要部分，大家大致看一下，能理解示例 SQL 的抽象语法树长什么样即可。执行器解析这个抽象语法树之后，会生成一个逻辑执行计划。所谓的执行计划，其实就是一个分步骤的计划，可以简单地将其理解为如何逐步执行查询和计算，最终得到执行的结果。

示例 SQL 的逻辑执行计划如下：

```
LogicalProject(user_id=[$0], user_name=[$1], order_id=[$5])
    LogicalFilter(condition=[$0 > 50])
        LogicalJoin(condition=[$0 == $6], joinType=[inner])
            LogicalTableScan(table=[users])
            LogicalTableScan(table=[orders])
```

与 SQL、AST 不同的是，这个逻辑执行计划已经与可以执行的程序代码非常相似了。该逻辑执行计划很像是编程语言的函数调用栈，外层的方法调用内层的方法。所以，要想理解该逻辑执行计划，需要从内向外看。具体如下：

1）首先看最内层的 2 个 LogicalTableScan，它们的含义是，读取 users 和 orders 这两个表中的所有数据。

2）然后，用这两个表中的所有数据做一个 LogicalJoin，JOIN 的条件是第 0 列（u.id）等于第 6 列（o.user_id）。

3）接下来，再执行一个 LogicalFilter 过滤器，过滤条件是第 0 列（u.id）大于 50。

4）最后，做一个 LogicalProject 投影，只保留 0（user_id）、1（user_name）、5（order_id）这三列。这里“投影”的意思是，把不需要的列过滤掉。

接下来，把这个逻辑执行计划翻译成代码，然后按顺序执行，就可以正确地查询出数据了。但是，按照上面的 SQL 执行计划，需要执行 2 个全表扫描，然后再把 2 个表的所有数据做一个 JOIN 操作，这样，性能就会非常差了。

我们可以简单计算一下，如果 users 表有 1 000 条数据，订单表里面有 10 000 条数据，那么这个 JOIN 操作需要遍历的行数就是 1 000 × 10 000 = 10 000 000 行。可见，这种从 SQL 的 AST 直译过来的逻辑执行计划，性能一般都非常差，所以需要对执行计划进行优化。

如何对执行计划进行优化？不同的数据库所采用的优化方法各不相同，这也是这些数据库性能存在差距的主要原因之一。优化的总体思路是，在执行计划中，尽早减少必须处理的数据量。也就是说，尽量在执行计划的最内层减少需要处理的数据量。

下面来看一下简单优化后的逻辑执行计划：

```
LogicalProject(user_id=[$0], user_name=[$1], order_id=[$5])
    LogicalJoin(condition=[$0 == $6], joinType=[inner])
        LogicalProject(id=[$0], name=[$1])            // 尽早执行投影。
            LogicalFilter(condition=[$0 > 50])        // 尽早执行过滤。
                LogicalTableScan(table=[users])
        LogicalProject(id=[$0], user_id=[$1])         // 尽早执行投影。
```

```
            LogicalTableScan(table=[orders])
```

对比原始的逻辑执行计划，这里做了如下两点简单的优化。

1）尽早执行投影，去除不需要的列。

2）尽早执行数据过滤，去除不需要的行。

这样，就可以在执行 JOIN 操作之前，尽量减少需要 JOIN 的数据。这个优化后的执行计划，显然会比原始的执行计划快很多。

至此，执行器只是在逻辑层面分析 SQL，优化查询的执行逻辑，而执行计划中操作的数据，仍然是表、行和列。在数据库中，表、行和列都是逻辑概念，所以，这个执行计划又称为“逻辑执行计划”。执行查询接下来就要涉及数据库的物理存储结构了。

### 9.3.2 SQL 在存储引擎中是如何执行的

事实上，无论是将数据存储在磁盘里，还是在内存中，这种带有行和列的二维表都是无法直接存储的。那么，数据库中的二维表，实际上是如何存储的呢？这就是存储引擎负责解决的问题了。存储引擎的主要功能是把逻辑表的行和列用合适的物理存储结构保存到文件中。不同的数据库，它们的物理存储结构是完全不一样的，这也是各种数据库之间存在巨大性能差距的根本原因。

本节还是以 MySQL 数据库为例，来分析它的物理存储结构。MySQL 非常特别的一点是，它在设计层面对存储引擎做了抽象，因此它的存储引擎是可以替换的。MySQL 默认的存储引擎是 InnoDB，在 InnoDB 中，数据表的物理存储结构是以主键为关键字的 B+ 树，每一行数据都是直接保存在 B+ 树的叶子节点上的。上面的订单表组织成的 B+ 树如图 9-11 所示。

这个树是以订单表的主键 orders.id 为关键字进行组织的，其中“62:[row data]”，表示的是订单号为 62 的那一行订单数据。在 InnoDB 中，表的索引也是以 B+ 树的方式来存储的，它与存储数据的 B+ 树的区别是，在它的索引树中，叶子节点保存的不是行数据，而是行的主键值。如果通过索引来检索一条记录，则需要先后查询索引树和数据树这两棵树：即先在索引树中检索行记录的主键值，然后再用主键值到数据树中查找这一行数据。

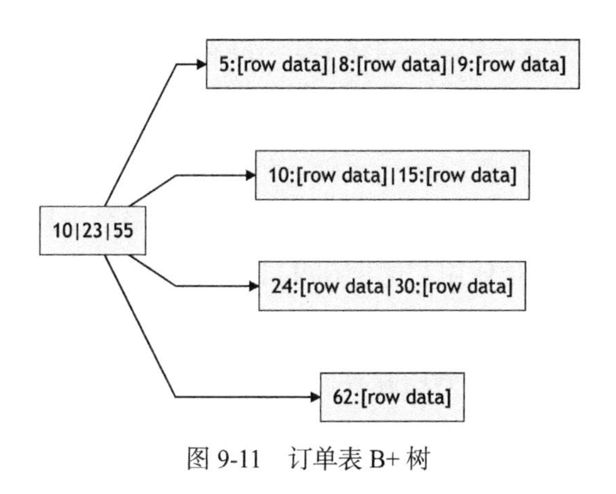


图 9-11 订单表 B+ 树

简单了解了存储引擎的物理存储结构之后，我们再回过头来继续讨论 SQL 在存储引擎中是如何执行的。优化后的逻辑执行计划将会转换成物理执行计划，物理执行计划与数据的物理存储结构有关。下面还是以 InnoDB 为例来说明如何将逻辑执行计划直接转换为物理执行计划，代码如下：

```
InnodbProject(user_id=[$0], user_name=[$1], order_id=[$5])
    InnodbJoin(condition=[$0 == $6], joinType=[inner])
        InnodbTreeNodesProject(id=[key], name=[data[1]])
            InnodbFilter(condition=[key > 50])
                InnodbTreeScanAll(tree=[users])
        InnodbTreeNodesProject(id=[key], user_id=[data[1]])
            InnodbTreeScanAll(tree=[orders])
```

物理执行计划同样也可以根据数据的物理存储结构、是否存在索引，以及数据多少等各种因素进行有针对性的优化。物理执行计划的优化规则同样也是非常复杂的，比如，我们可以把“对用户树进行全树扫描”之后再“按照主键过滤”这两个步骤，优化为“对树进行范围查找”。实现代码如下：

```
PhysicalProject(user_id=[$0], user_name=[$1], order_id=[$5])
    PhysicalJoin(condition=[$0 == $6], joinType=[inner])
```

```
InnodbTreeNodesProject(id=[key], name=[data[1]])
    // 全树扫描之后，再按照主键过滤，直接可以优化为对树进行范围查找。
    InnodbTreeRangeScan(tree=[users], range=[key > 50])
InnodbTreeNodesProject(id=[key], user_id=[data[1]])
    InnodbTreeScanAll(tree=[orders])
```

最终，按照优化后的物理执行计划，逐步执行查找和计算，就可以得到 SQL 的查询结果了。

理解数据库执行 SQL 的过程，以及不同存储引擎中数据和索引的物理存储结构，对于正确地使用和优化 SQL 非常有帮助。

比如，我们知道了 InnoDB 的索引实现后，就很容易明白为什么主键不能太长。因为表的每个索引保存的都是主键的值，过长的主键会导致每个索引都很大。再比如，我们了解了执行计划的优化过程后，就很容易理解有的时候明明有索引却不能使用的原因，即数据库在对物理执行计划进行优化的时候，评估发现不使用索引，而是直接进行全表扫描才是更优的选择。

这里再来回顾一下 9.3 节开头的那两个 SQL，为什么一个不能使用索引，而另一个能使用？原因是 InnoDB 对物理执行计划进行优化的时候，能够识别出 LIKE 这种过滤条件，并将其转换为对索引树的范围进行查找。而对于第一个 SQL 的这种写法，优化规则就没那么“智能”了。它并没有识别出这同样也可以转换为对索引树的范围进行查找，而是进行了全表扫描。但这并不是说，第一个 SQL 写得不好，而是数据库还不够智能。既然现实如此，我们能做的就是尽量了解数据库的特性，按照它的现有能力，尽量写出它能优化好的 SQL。

### 9.3.3 小结

最后，我们来总结一下一条 SQL 语句在数据库中的执行过程。首先，SQL 经过语法解析成 AST，然后 AST 转换为逻辑执行计划，逻辑执行计划经过优化后，转换为物理执行计划，经过物理执行计划优化后，再按照优化后的物理执行计划完成数据的查询。几乎所有的数据库，都是由执行器和存储引擎两部分组成的，执行器负责执行计算，存储引擎负责保存数据。

只有掌握了查询的执行过程和数据库的内部组成，我们才能理解那些优化 SQL 的规则，这些都有助于我们更好地理解数据库的行为，从而更高效地使用数据库。

最后需要说明的一点是，9.3 节中所讲的内容，不仅适用于 MySQL（本书只是选择 MySQL 来举例说明），几乎所有支持 SQL 的数据库，无论是传统的关系型数据库，还是 NoSQL（很多 NoSQL 数据库已经开始支持 SQL 查询了），或者 NewSQL 这些新兴的数据库，无论是单机数据库，还是分布式数据库（比如，HBase、Elasticsearch 和 SparkSQL 等），所有这些数据库的实现也都符合前面介绍的原理。

### 9.3.4 思考题

请选择一种熟悉的非关系型数据库，最好是支持 SQL 的，当然，若不支持 SQL，有自己的查询语言也可以（比如，HBase、Redis 或 MongoDB 等都可以），尝试分析一下其查询语言的执行过程，对比一下它的执行器和存储引擎与 MySQL 的有什么不同。

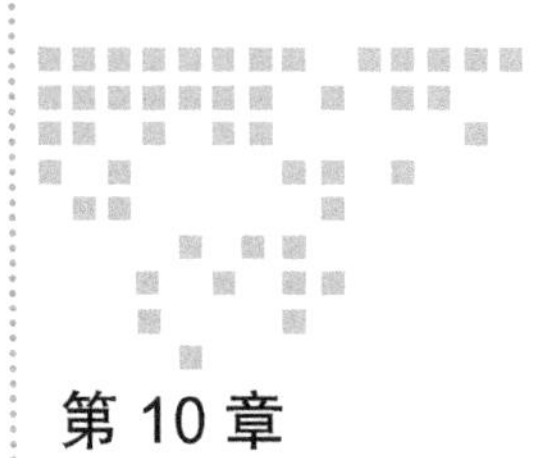

Chapter 10 第 10 章

# MySQL 应对高并发

## 10.1 使用缓存保护 MySQL

通过前面的学习，相信大家对 MySQL 这类关系型数据库的能力已经有了认识。

大部分面向公众的互联网系统，其并发请求数量与在线用户数量都是正相关的，而 MySQL 能够承担的并发读写量是有一定上限的，当系统的在线用户超过几十万的时候，单个 MySQL 就很难应付了。

绝大多数互联网系统都是采用 MySQL+Redis 这对经典组合来解决高并发问题的。Redis 作为 MySQL 的前置缓存，可以应对绝大部分查询请求，从而在很大程度上缓解 MySQL 并发请求的压力。

Redis 之所以能够这么流行，一个非常重要的原因是，它的 API 非常简单，学习成本非常低。但是，要想在生产系统中用好 Redis 和 MySQL 这对经典组合，并不是一件简单的事情。第 9 章中曾提到过“社交电商数据库超时故障”的案例，其中一个重要的原因就是对缓存使用不当引发了缓存穿透，最终导致数据库被大量查询请求卡死。

本章就来讨论在电商的交易类系统中，如何正确地使用Redis这样的缓存系统，以及如何正确应对使用缓存过程中遇到的一些常见问题。

### 10.1.1 更新缓存的最佳方式

要想正确地用好各种数据库，我们需要先了解它们的能力和弱点，以扬长避短。Redis是一个使用内存保存数据的高性能KV数据库，它的高性能主要来自如下两个方面。

1）简单的数据结构。

2）使用内存存储数据。

第9章中曾提到过，数据库可以分为执行器和存储引擎这两个部分，Redis的执行器这一层非常单薄，所以Redis只能支持有限的几个API，几乎没有聚合查询的能力，也不支持SQL。它的存储引擎也非常简单，直接在内存中用最简单的数据结构来保存数据，通过它的API中的数据类型基本上就可以猜出其存储引擎中的数据结构。

比如，Redis的LIST在存储引擎的内存中，其数据结构就是一个双向链表。内存是一种易失性存储，所以使用内存保存数据的Redis，并不能保证数据的可靠存储。从设计上说，Redis牺牲了大部分功能以及数据的可靠性来换取高性能。但也正是由于这些特性，Redis才特别适合用来做MySQL的前置缓存。

虽然Redis支持将数据持久化到磁盘中，并且还支持主从复制，但需要特别说明的是，Redis仍然是一个不可靠的存储，它在设计上天然就不能保证数据的可靠性，所以Redis一般用来做缓存，很少用来作为唯一的数据存储。

即使只是把Redis作为缓存来使用，在设计Redis缓存的时候也必须考虑Redis的这种“数据不可靠性”，或者换句话说，程序在使用Redis的时候要能兼容Redis丢数据的情况，做到即使Redis发生了丢数据的情况，也不会影响系统的数据准确性。

下面仍然以电商的订单系统为例来说明如何正确地使用 Redis 做缓存。在缓存 MySQL 的一张表的时候，我们通常是直接选用主键来作为 Redis 中的 Key，比如，如果要缓存订单表，那就直接用订单表的主键订单号来作为 Redis 中的 Key。

如果 Redis 的实例不是给订单表专用的，则还需要为订单的 Key 加一个统一的前缀，比如“orders:888888”。Value 用于保存序列化后的整条订单记录，既可以选择可读性比较好的 JSON 作为序列化方式，也可以选择性能更好、更省内存的二进制序列化方式。

下面就来讨论缓存中的数据应该如何更新的问题。有不少人是像下面这样使用缓存的。在查询订单数据的时候，先去缓存中查询。如果命中缓存，就直接返回订单数据；如果没有命中，就去数据库中查询，得到查询结果之后，把订单数据写入缓存，然后返回。在更新订单数据的时候，先更新数据库中的订单表，更新成功之后，再去更新缓存中的数据。

图 10-1 所示的是一种经典的缓存更新策略——Read/Write Through。

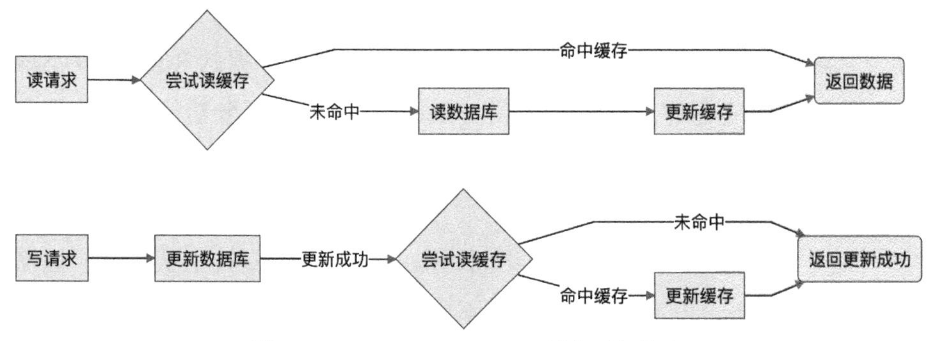


图 10-1 Read/Write Through 缓存更新策略

图 10-1 所示的这种使用缓存的方式有没有问题呢？绝大多数情况下可能都没问题。但是，在并发的情况下，就会有一定的概率出现“脏数据”的问题，缓存中的数据可能会被错误地更新成旧数据。

比如，对同一条订单记录，同时产生一个读请求和一个写请求，这两个请求被分配到两个不同的线程中并行执行，读线程尝试读缓存却没命中，就到数据库中读取订单数据，这时可能会有另外一个读线程抢先更新了缓存，在处理写请求的线程中，先后更新了数据和缓存，然后，带有旧订单数据的第一个读线程又把缓存更新成了旧数据。

这是一种情况，还有其他可能的情况，比如，两个线程对同一条订单数据并发写，也有可能会造成缓存中的“脏数据”，具体流程类似于第2章中讲到的ABA问题。不要觉得发生这种情况的概率比较小，出现“脏数据”的概率与系统的数据量及并发数量是正相关的，在系统的数据量足够大，且并发数量足够多的情况下，这种“脏数据”必然会出现。

第3章在讲解如何缓存商品数据的时候，曾经简单提到过缓存策略，其中提到的Cache Aside模式可以很好地解决这个问题，在大多数情况下，Cache Aside模式是使用缓存的最佳方式。

Cache Aside模式与上文提到的Read/Write Through模式非常相似，它们处理读请求的逻辑是完全一样的，唯一的一个小差别就是，Cache Aside模式在更新数据的时候，并不会尝试更新缓存，而是直接删除缓存（如图10-2所示）。

图10-2　Cache Aside缓存更新策略

订单服务在收到更新数据的请求之后，首先会更新数据库，如果更新成功了，就会尝试删除缓存中的订单，如果缓存中存在这条订单就删除它，如果不存在就什么也不做，最后返回更新成功。这条更新后的订单数据，将在下次访问的时候加载到缓存中。使用Cache Aside模式来更新缓存，可以非常有效地避免并发读写导致的“脏数据”问题。

### 10.1.2　注意避免缓存穿透引起雪崩

如果缓存的命中率比较低，就会出现大量“缓存穿透”的情况。缓存穿透指的是，在读数据的时候没有命中缓存，请求“穿透”了缓存，直接访问后端数据库的情况。

少量的缓存穿透是正常的，需要预防的是，短时间内大量的请求无法命中缓存，请求穿透到数据库，导致数据库繁忙，请求超时。大量的请求超时还会引发更多的重试请求，更多的重试请求又会让数据库更加繁忙，这样恶性循环越来越严重，最终导致系统雪崩。

当系统初始化的时候，比如，系统升级重启，或者缓存刚上线，缓存是空的，如果这时涌入大量的请求，则很容易引发大量缓存穿透导致系统雪崩的问题。为了避免这种情况，可以采用灰度发布的方式，先接入少量请求，再逐步增加系统的请求数量，直到所有请求全部切换完成。

如果系统不能采用灰度发布的方式，就需要在系统启动的时候对缓存进行预热。所谓的缓存预热，是指在系统初始化阶段，接收外部请求之前，先把最经常访问的数据填充到缓存中，这样当大量请求同时涌入的时候，就不会出现大量的缓存穿透了。

还有一种因缓存穿透引起系统雪崩的常见情况是，当发生缓存穿透时，如果从数据库中读取数据的时间比较长，也很容易引起数据库雪崩。

第 9 章中曾提到过这种情况。比如，假设我们缓存的数据是一个复杂的数据库联查结果，如果在数据库中执行这个查询需要 10 秒的时间，那么当缓存中这条数据过期之后，最少 10 秒内缓存中都不会再有数据。如果在这 10 秒内有大量的请求想要读取这个缓存数据，那么这些请求都将穿透缓存，直接查询数据库，这样很容易导致数据库繁忙，当请求量比较大的时候就会引起系统雪崩。

综上所述，如果构建缓存数据需要的查询时间太长，或者并发量特别大，Cache Aside 或 Read/Write Through 这两种缓存模式都可能出现大量缓存穿透的情况。

对于这种情况，并没有一种方法能够应对所有的场景，我们需要针对业务场景来选择合适的解决方案。比如，可以牺牲缓存的时效性和利用率，缓存所有的数据，只读缓存不读数据库，用后台线程来定时更新缓存数据等。

### 10.1.3 小结

使用 Redis 作为 MySQL 的前置缓存，可以非常有效地提升系统的并发上限，降低请求响应的时延。绝大多数情况下，使用 Cache Aside 模式来更新缓存都是最佳的选择，相比 Read/Write Through 模式更加简单，而且还能大幅降低“脏数据”的可能性。

使用 Redis 的时候，需要特别注意因为大量缓存穿透而引起系统雪崩的问题，在系统初始化阶段，需要使用灰度发布或其他方式来对缓存进行预热。如果构建缓存数据需要的查询时间过长，或者并发量特别大，那么使用 Cache Aside 模式更新缓存，就会出现大量缓存穿透的问题，而且很有可能会引发系统雪崩。

顺便说一句，本章所讲的缓存策略都是非常经典的理论，早在互联网大规模应用之前它们就已经非常成熟了，在操作系统中，CPU 的缓存、磁盘文件的内存缓存，都应用了本章所讲的缓存策略。

所以无论技术的发展有多快，计算机的很多基础理论知识都是相通的，大家绞尽脑汁想出来的解决工程问题的方法，很有可能早已出现在几十年前出版的某本书里。学习算法、数据结构、设计模式等这些基础的知识是非常重要的，并不只是为了应付面试。

### 10.1.4 思考题

请思考：在什么情况下使用 Cache Aside 模式更新缓存会产生“脏数据”？请举例说明。

## 10.2 读写分离

使用 Redis 作为 MySQL 的前置缓存，可以帮助 MySQL 挡住绝大部分的查询请求。这种方法对于像电商中的商品系统、搜索系统这类与用户关联不大的系统，效果特别好。因为在这些系统中，任何人看到的内容都是一样的，也就是说，对后端服务来说，任何人的查询请求和返回的数据都是一样的。在这种情况下，Redis 缓存的命中率非常高，几乎所有的请求都可以命中缓存，相应地，几乎没有多少请求能穿透到 MySQL 数据库。

但是，与用户相关的系统，使用缓存的效果就没那么好了。比如，订单系统、账户系统、购物车系统，等等。在这些系统中，各个用户需要查询的信息都是与用户自身相关的，即使是同一个功能界面，不同的用户看到的数据也是不一样的。

比如，“我的订单”这个功能，用户在这里看到的都是自己的订单数据。用户 A 打开的订单缓存的数据，是不能给用户 B 使用的，因为 A 和 B 两个用户的订单是不一样的。在这种情况下，缓存的命中率就比较低了，会有相当一部分查询请求因为命中不了缓存，穿透到 MySQL 数据库中。

随着系统的用户数量越来越多，穿透到 MySQL 数据库中的读写请求也会越来越多，当单个 MySQL 支撑不了这么多的并发请求时，该怎么办？

### 10.2.1 读写分离是提升 MySQL 并发能力的首选方案

当单个 MySQL 无法满足要求的时候，只能用多个 MySQL 实例来承担大量的读写请求。MySQL 与大部分常用的关系型数据库一样，都是典型的单机数据库，不支持分布式部署。用一个单机数据库的多个实例组成一个集群，提供分布式数据库服务，是一件非常困难的事情。

在部署集群的时候，我们需要做很多额外的工作，而且很难做到对应用透明，为此，我们的应用程序也要做出较大的架构调整。所以，除非系统规模真的大到只有这一条路可以走，否则，不建议对数据进行分片，因为自行构建 MySQL 集群的代价非常大。

一个简单且非常有效的方案是，不对数据进行分片，而是使用多个具有相同数据的 MySQL 实例来分担大量的查询请求，这种方法称为“读写分离”。读写分离之所以能够解决问题，实际上是基于一个对我们非常有利的客观情况。很多系统，特别是面对公众用户的互联网系统，数据的读写比例严重不均衡。读写比例一般都在几十比一上下，即平均每发生几十次查询请求，才会有一次更新请求。换句话说，就是数据库需要应对的绝大部分请求都是只读查询请求。

一个分布式的存储系统想要支持分布式写是非常困难的，因为很难解决好数据一致性的问题。但实现分布式读相对来说就简单得多，我们可以增加一些只读的数据库实例，只要能够把数据实时同步到这些只读实例上，保证这些只读实例上的数据随时都是一样的，它们就可以分担大量的查询请求了。

读写分离的另一个好处是，实施起来相对比较简单。把使用单机MySQL 的系统升级为读写分离的多实例架构非常容易，一般不需要修改系统的业务逻辑，只需要简单修改 DAO（Data Access Object，一般指应用程序中负责访问数据库的抽象层）层的代码，把对数据库的读写请求分开，请求不同的 MySQL 实例就可以了。通过读写分离这样一个简单的存储架构升级，数据库支持的并发数量就可以增加几倍到十几倍。所以，当系统的用户数越来越多时，读写分离应该是首要考虑的扩容方案。

图 10-3 所示的是一个典型的读写分离架构。

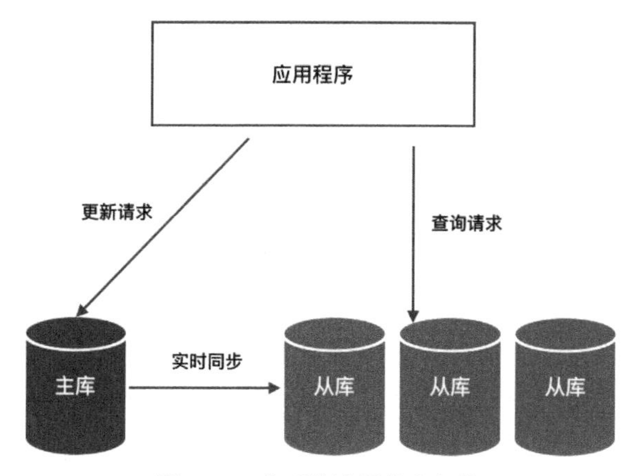


图 10-3　典型的读写分离架构

主库负责执行应用程序发来的所有数据更新请求，然后将数据变更实时同步到所有的从库中。这样，主库和所有从库中的数据就是完全一样的了，多个从库可以共同分担应用的查询请求。

接下来，我们简单说一下如何实施 MySQL 的读写分离方案。实施 MySQL 的读写分离方案需要完成如下两个步骤：

1）部署一主多从多个 MySQL 实例，并让它们之间的数据保持实时同步。

2）分离应用程序对数据库的读写请求，并将它们分别发送给从库和主库。

MySQL 自带主从同步的功能，经过简单的配置，就可以实现一个主库和几个从库之间的数据同步，部署和配置的方法请参照 MySQL 的官方文档。

分离应用程序的读写请求具体包含如下三种方法。

1）纯手工方式：修改应用程序的 DAO 层代码，定义读、写两个数据源，在代码中需要访问数据库的每个地方指定每个数据库请求的数据源。

2）组件方式：使用像 Sharding-JDBC 这种集成在应用中的第三方组件来实现，这些组件集成在应用程序内，用于代理应用程序的所有数据库请求，并把请求自动路由到对应的数据库实例上。

3）代理方式：在应用程序和数据库实例之间部署一组数据库代理实例，比如，Atlas 或 MaxScale。对于应用程序来说，数据库代理把自己伪装成一个单节点的 MySQL 实例，应用程序的所有数据库请求都将发送给代理，代理分离读写请求，然后将分离后的请求转发给对应的数据库实例。

在这三种方式中，推荐第二种，即使用读写分离组件的方式。采用这种方式，代码侵入非常少，同时还能兼顾性能和稳定性。如果应用程序是一个逻辑非常简单的微服务，简单到只有几个 SQL，或者应用程序使用的编程语言没有合适的读写分离组件，那么也可以考虑通过纯手工的方式（第一种方式）来实现读写分离。

一般情况下，不推荐使用代理方式（第三种方式）。原因是，代理方式加长了系统运行时数据库请求的调用链路，会造成一定的性能损失，而且代理服务本身也可能会出现故障和性能瓶颈等问题。但是，代理方式有一个好处是，它对应用程序是完全透明的，所以，在不方便修改应用程序代码的情况下可以采用代理方式。

另外，如果配置了多个从库，那么推荐使用“HAProxy+KeepAlived”这对经典组合，为所有的从节点做一个高可用的负载均衡方案。这样既可以避免某个从节点宕机导致业务可用率降低，也方便后续随时扩容从库的实例数量。因为 HAProxy 可以做 L4 层代理，也就是说其转发的是 TCP 请求，所以用“HAProxy+KeepAlived”代理 MySQL 请求，在部署和配置上并没有什么特殊的地方，正常配置和部署就可以了。

### 10.2.2 注意读写分离带来的数据不一致问题

读写分离的一个副作用是，可能会存在数据不一致的问题。原因是，数据库中的数据在主库完成更新后，是异步同步到每个从库上的，这个过程会有一个微小的时间差，这个时间差称为主从同步延迟。正常情况下，主从延迟非常小，不超过 1 毫秒。但即使是这样小的延迟，也会导致在某个时刻主库和从库上数据不一致的问题。应用程序需要能够接受并克服这种主从不一致的情况，否则就会引发一些由于主从延迟而导致的数据错误。

下面还是以订单系统为例来说明，自然的设计思路是，用户对购物车发起商品结算创建订单，进入订单页，打开支付页面进行支付，支付完成后，按道理应该再返回到支付之前的订单页。但如果这时马上自动返回到订单页，就很有可能会出现订单状态还是显示“未支付”的问题。因为支付完成后，订单库的主库中订单状态已经更新了，但订单页查询的从库中这条订单记录的状态有可能还未更新。如何解决这种问题呢？

对于这种问题，其实并没有什么好的技术手段可以解决，所以我们回想一下，各个电商平台支付完成后都不会自动跳回到订单页，而是增加了一个无关紧要的“支付完成”页面。这个页面没有任何新的有效信息，就是告诉你已经支付成功，以及一些广告推荐之类的信息。如果想再查看一下刚刚支付完成的订单，则需要手动点一下，这样就能很好地规避主从同步延迟的问题。

上面的示例只是订单状态显示错误，刷新一下就能显示正常。我们需要特别注意那些数据更新后需要立刻查询更新后的数据，然后再更新其他数据的情况。比如，在购物车页面，如果用户修改了某个商品的数量，系统就需要重新计算优惠总额和支付总价。购物车的数据更新之后，需要立即调用计价服务，这时如果计价服务去读取购物车的从库，则很有可能会读到旧数据，从而导致总价计算错误。

对于这个例子，我们可以把“更新购物车、重新计算总价”这两个步骤合并成一个微服务，然后放到一个数据库事务中，同一个事务中的查询操作也会被路由到主库，这样就可以规避主从不一致的问题了。

对于这种因为主从延迟而带来的数据不一致问题，并没有一种简单方便且通用的技术方案可以解决，对此，我们需要重新设计业务逻辑，尽量规避更新数据后立即去从库查询刚刚更新的数据。

### 10.2.3 小结

随着系统用户数量的不断增长，当单个 MySQL 实例快要无法满足大量并发需求的时候，读写分离是首选的数据库扩容方案。读写分离的方案不需要对系统做太大的改动，就可以让系统支撑的并发量提升几倍到十几倍。

推荐使用集成在应用内的读写分离组件的方式来分离数据库的读写请求，如果应用程序很难修改，那么也可以使用代理的方式来分离数据库的读写请求。如果方案中部署了多个从库，则推荐使用“HAProxy+KeepAlived”来实现从库的负载均衡和高可用性，这个方案的好处是简单、稳定，足够灵活，不需要增加额外的服务器部署，便于维护，并且不会增加故障点。

主从同步延迟会导致主库和从库之间出现数据不一致的问题，应用程序应该能兼容主从延迟，避免因为主从延迟而导致的数据错误。规避这个问题最关键的一点是，在设计系统的业务流程时，尽量不要在更新数据之后就立即查询更新后的数据。

### 10.2.4 思考题

请对照你所负责开发或维护的系统思考一下：你的系统实施读写分离的具体方案是什么，比如，如何分离读写数据库的请求，如何解决主从延迟带来的数据一致性问题？

## 10.3 实现 MySQL 主从数据库同步

回顾之前讨论的 MySQL 相关内容，我们会发现主从同步非常重要。需要用到主从同步的场景非常多，比如，解决数据可靠性的问题、解决 MySQL 服务高可用的问题、应对高并发的问题，等等。

我们在运维 MySQL 集群时，遇到的很多常见的问题都与主从同步的配置有着密切的关系。比如：为什么从节点故障会影响到主节点？为什么主从切换之后会丢失数据？为什么明明没有更新数据，客户端读到的数据还是会变来变去的？

我们不但要理解 MySQL 主从同步的原理，还要掌握相关配置的含义，以及集群在什么情况下会有什么样的行为，可能会出现什么样的问题，并且知道该如何解决这些问题，这样才能正确地配置好集群。

接下来，我们就来详细了解一下如何实现 MySQL 的主从同步，以及如何正确地配置主从同步。

### 10.3.1 如何配置 MySQL 的主从同步

从客户端向 MySQL 集群提交一个事务开始，直到客户端收到集群返回的成功响应，在整个过程中，MySQL 集群需要执行很多操作，具体说明如下。

主库需要执行的操作具体如下。

1）提交事务。

2）更新存储引擎中的数据。

3）把 Binlog 写到磁盘上。

4）向客户端返回响应。

5）把 Binlog 复制到所有从库上。

每个从库需要执行的操作具体如下。

1）把复制过来的 Binlog 写到暂存日志中。

2）回放这个 Binlog。

3）更新存储引擎中的数据。

4）向主库返回复制成功的响应。

这些操作的时序非常重要，这里所说的“时序”，是指这些操作的先后顺序。同样的操作，因为时序不同，对应用程序来说，会产生很大的差异。比如，如果先复制 Binlog，等 Binlog 复制到从节点上之后，主节点再去提交事务，那么从节点的 Binlog 就会一直与主节点保持同步，任何情况下，主节点即使宕机也不会丢失数据。但如果把这个时序倒过来，先提交事务再复制 Binlog，性能就会非常好，但是这样又带来了丢失数据的风险。

MySQL 提供了几个参数来配置这个时序，我们先来看一下默认情况下的时序是什么样的。

默认情况下，MySQL 采用的是异步复制的方式，因此执行事务操作的线程不会等待复制 Binlog 的线程。具体的时序如图 10-4 所示。

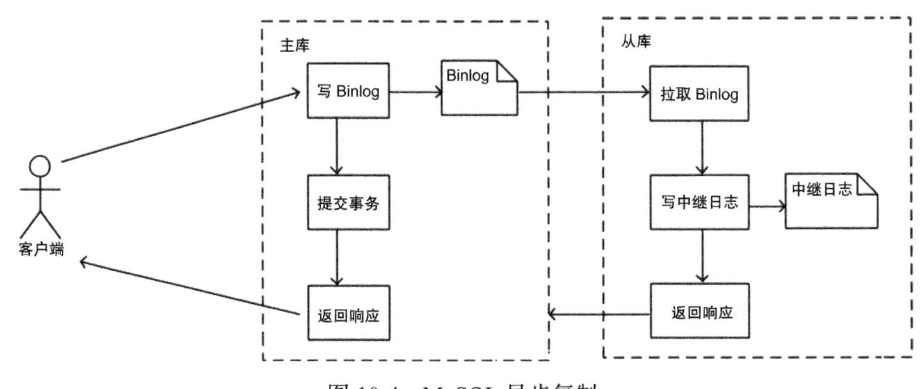


图 10-4 MySQL 异步复制

MySQL 主库在收到客户端提交事务的请求之后，会先写入 Binlog，然后再提交事务，更新存储引擎中的数据，事务提交完成后，向客户端返回操作成功的响应。同时，从库会有一个专门的复制线程，从主库接收 Binlog，然后把 Binlog 写到一个中继日志里，再向主库返回复制成功的响应。

从库还有另外一个回放 Binlog 的线程，用于读取中继日志，然后回放 Binlog，更新存储引擎中的数据，这个过程与这里所讨论的主从复制关系不大，所以图 10-4 中没有画出该线程。提交事务和复制这两个流程是在不同的线程中执行的，因此互相之间不会等待，这就是异步复制。

掌握了异步复制的时序之后，我们很容易就能理解前面讲到的一些问题的原因所在了。比如，在异步复制的情况下，为什么主库宕机会导致丢失数据的风险？为什么读写分离会导致读到脏数据的问题？这些问题的产生，都是因为异步复制无法保证数据在第一时间复制到从库上。

与异步复制相对的是同步复制。同步复制的时序与异步复制基本上是一样的，唯一的区别在于两者向客户端返回响应的时间不同。异步复制时，主库提交事务之后，就会向客户端返回响应。而同步复制时，主库在提交事务的时候，会等待数据复制到所有从库之后，再向客户端返回响应。

在实际项目中，同步复制这种方式的实用价值不大，原因有如下两点：一是同步复制的性能很差，因为其要在复制到所有节点之后才返回响应；二是可用性也很差，主库和所有从库中，任何一个数据库出现问题都会影响业务。

为了解决这个问题，MySQL 从 5.7 版本开始增加了一种半同步复制（Semisynchronous Replication）的方式。异步复制是指事务线程完全不会等待复制响应，同步复制是指事务线程要等待所有的复制响应，半同步复制则介于二者之间，事务线程不用等待所有的复制全部成功之后再响应，而是只要收到一部分复制的响应，就可以向客户端返回响应了。

比如，一主二从的集群配置成半同步复制的方式，只要数据成功复制到任意一个从库上，主库的事务线程就可以直接返回了。这种半同步复制的方式，兼顾了异步复制和同步复制二者的优点。如果主库宕机，至少还有一个从库有最新的数据，不存在丢失数据的风险。并且，半同步复制的性能可以满足大部分需求，能提供高可用保证，从库宕机也不会影响主库提供服务。所以，半同步复制这种折中的复制方式，是一种不错的选择。

接下来再来讨论在实际应用过程中，选择半同步复制需要特别注意的几个问题。

配置半同步复制的时候，有一个重要的参数“rpl_semi_sync_master_wait_slave_count”，含义是“至少等待数据复制到几个从节点之后再返回”。这个参数配置得越大，丢失数据的风险就越小，但是集群的性能和可用性也就越差。这个参数最大可以配置成与从节点的数量一样，这样就变成了同步复制。

一般情况下，将该参数配置成默认值 1 就够了，这样性能损失最小，可用性也很高，只要还有一个从库“活着”，就不会影响主库读写。丢失数据的风险也不大，只有在恰好主库和那个有最新数据的从库一起坏掉的情况下，才有可能丢失数据。

另外一个重要的参数是“rpl_semi_sync_master_wait_point”，该参数主要用于控制主库执行事务的线程，是在提交事务之前（AFTER_SYNC）等待复制，还是在提交事务之后（AFTER_COMMIT）等待复制。默认设置是 AFTER_SYNC，也就是先等待复制，再提交事务，这样就完全不会丢失数据了。AFTER_COMMIT 具有更好的性能，不会长时间锁表，但还是存在宕机后丢失数据的风险。

另外，即使配置了同步复制或半同步复制，并且等待复制成功之后再提交事务，也还是存在一种特别容易被忽略、可能会有数据丢失风险的情况。如果主库提交事务的线程等待复制的时间超时了，那么事务仍然会被正常提交。并且，MySQL 会自动降级为异步复制模式，直到有足够多（rpl_semi_sync_master_wait_slave_count）的从库追上主库，才能恢复成半同步复制方式。如果这期间主库宕机，就仍然会有丢失数据的风险。

### 10.3.2 复制状态机：所有分布式存储都是这样复制数据的

在 MySQL 中，无论是复制还是备份恢复，依赖的都是全量备份和 Binlog，全量备份相当于备份某一时刻的一个数据快照，Binlog 则记录了每次数据更新的变化，也就是操作日志。本章所讲的主从同步，即数据复制，虽然都是以 MySQL 为例进行讲解，但是这种基于快照 + 操作日志的方法，并不是 MySQL 所特有的。

比如，Redis 集群的全量备份称为 Snapshot，操作日志称为 backlog，其主从复制方式与 MySQL 几乎是一模一样的。

再比如，之前所讲的 Elasticsearch 是一个内存数据库，读写都在内存中，那么它又是如何保证数据可靠性的呢？ Elasticsearch 所用的是 translog，其备份和恢复数据的原理与实现方式也是完全一样的。上述这些各种名称的日志，除了名字不同之外，其本质都是一样的，几乎所有的存储系统和数据库都是用这套方法来解决备份恢复和数据复制问题的。

因为这些存储系统实现数据复制的方法都是完全一样的，所以 MySQL 在进行主从复制时可能出现的问题以及丢失数据的风险，对于像 Redis 集群、Elasticsearch 或其他的分布式存储，也都是一样存在的。而且，本书所讲的应对方法、注意事项和最佳实践，都是可以照搬的。

这套方法其实是有其理论基础的，称为复制状态机（Replication State Machine），关于该理论，我能查到的最早出处是 1978 年 Lamport 的一篇论文“The Implementation of Reliable Distributed Multiprocess Systems”。

1978 年，包括我在内，业内的很多人都还没出生，这么老的技术直到今天仍然在广泛应用，这在技术一直飞速发展的计算机领域似乎有些不可思议。但无论应用技术发展得有多快，实际上解决问题的方法，或者说理论基础，一直都没怎么变化。所以，我们在不断学习新的应用技术的同时，还需要多思考、总结和沉淀，这样学习新技术的时候才能更快、更轻松。

### 10.3.3　小结

为了更好地理解复制状态机，我们再来总结一下这套方法。任何一个存储系统，无论其存储的是什么数据，采用的是什么样的数据结构，都可以抽象成一个状态机。

存储系统中的数据称为状态（也就是 MySQL 中的数据），状态的全量备份称为快照（Snapshot），就像是给数据拍个照片一样。按顺序记录和更新存储系统的每条操作命令，就是操作日志（Commit Log，也就是 MySQL 中的 Binlog）。复制状态机的结构如图 10-5 所示，大家可以参照该图来理解上面的抽象概念。

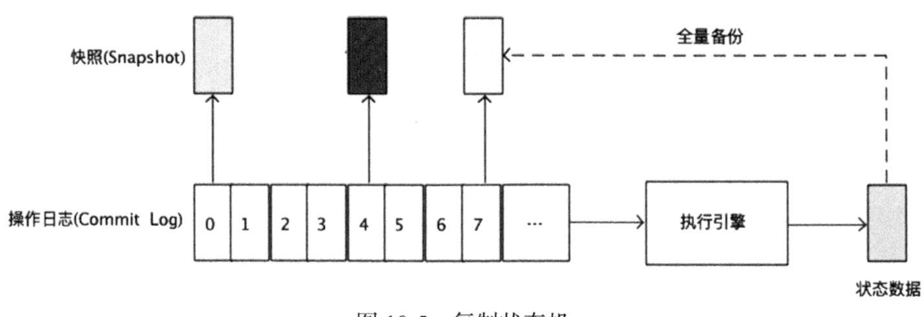


图 10-5 复制状态机

复制数据的时候，只要基于一个快照，按顺序执行快照之后的所有操作日志，就可以得到一个完全一样的状态。只要从节点持续地从主节点上复制操作日志并执行，就可以让从节点上的状态数据与主节点保持同步。

主从同步做数据复制时，一般可以采用三种复制策略。性能最好的方法是异步复制，即在主节点上先记录操作日志，再更新状态数据，然后把操作日志异步复制到所有从节点上，并在从节点上执行操作日志，得到与主节点相同的状态数据。

异步复制的缺点是，可能存在主从延迟，如果主节点宕机，则可能会丢失数据。另外一种常用的策略是半同步复制，主节点等待操作日志至少成功复制到 $N$ 个从节点上之后再更新状态，这种方式在性能、高可用和数据可靠性几个方面都比较平衡，很多分布式存储系统默认采用的就是这种方式。

### 10.3.4 思考题

请思考：除了数据库的备份和复制用到复制状态机之外，在计算机技术领域，还有哪些地方也用到了复制状态机？

第三篇 *Part 3*

# 海量数据

当系统需要保存和处理的数据规模超过GB量级，达到TB量级甚至PB量级时，存储系统将会面临巨大的挑战。一个简单的数据查询操作也要花费很长的时间才能完成，速度慢到用户无法接受，而稍微复杂一点的联查任务根本就会无法执行。随着系统数据量的持续增长，用不了多久，磁盘容量就会达到上限，而服务器已经无法再扩容。当系统的数据规模达到一定的量级之后，为了能够存储海量数据，并应对后续数据的持续增长，我们将不得不调整甚至重构其存储系统。即使是同一套电商系统，面对不同的系统规模，其存储系统的架构也将是完全不同的。

在海量数据篇中，我们将重点解决在高并发、海量数据的情况下，存储系统该如何设计的问题。在本篇中，我们将一起探讨如下这些问题的答案。

- 在海量数据场景下，数据如何分片存储，相应的查询逻辑如何进行调整和优化？
- 缓存系统架构应该如何调整，才能避免缓存穿透？
- 如何依据业务需求选择合适的存储系统和数据结构？
- 如何在异构数据库之间保持数据实时同步？

第 11 章 Chapter 11

# MySQL 应对海量数据

## 11.1 归档历史数据

前文讲解了在并发请求持续高速增长的情况下，应如何逐步升级存储系统。本章就来讨论如何应对数据的持续增长，特别是像订单数据这种会随着时间一直累积的数据。

为什么数据量越大，数据库就会越慢？我们需要理解造成这个问题的根本原因。无论是“增、删、改、查”中的哪个操作，其本质都是查找数据，因为我们需要先找到数据，然后才能操作数据。因此存储系统的性能问题，其实就是查找数据快慢的问题。

无论采用的是哪种存储系统，一次查询所耗费的时间，都取决于如下两个因素。

1）查找的时间复杂度。

2）数据总量。

这也是大型互联网企业面试时总喜欢问“时间复杂度”相关问题的原因。查找的时间复杂度又取决于如下两个因素。

1）查找算法。

2）存储数据的数据结构。

这两个因素也是面试问题中经常考察的知识点。所以面试官并不是非要问一些“用不上”的问题来为难求职者，这些知识点不是用不上，而是你不知道怎么用。

言归正传，大多数做业务的系统，采用的都是现成的数据库，数据的存储结构和查找算法都是由数据库来实现的，对此，业务系统基本上无法做出任何改变。比如，MySQL 的 InnoDB 存储引擎，其存储结构是 B+ 树，查找算法大多数时候是对树进行查找，查找的时间复杂度就是 $O(\log n)$，这些都是固定的。我们唯一能改变的，就是数据总量了。

所以，解决海量数据导致存储系统慢的问题，方法非常简单，就是一个“拆”字，把大数据拆分成若干份小数据，学名称为“分片”（Shard）。拆开之后，每个分片里的数据就没那么多了，然后让查找尽量落在某一个分片上，以此来提升查找性能。

所有分布式存储系统解决海量数据查找的问题，所遵循的都是这个思想，但是仅有思想还不够，还需要实际落地，下面就来讨论拆分数据的具体操作。

### 11.1.1 存档历史订单数据提升查询性能

我们在开发业务系统的时候，很多数据都是具备时间属性的，并且随着系统的运行，数据累计增长越来越多，当数据量达到一定的程度时，系统的执行速度就会越来越慢，比如，电商中的订单数据，就是这种情况。根据上文所说的思想，这种情况通常需要执行拆分数据的操作。

订单数据一般保存在 MySQL 的订单表里，说到拆分 MySQL 的表，大多数人的第一反应是“分库分表”，其实大可不必这么着急，当前的数据量还没有达到非要分库分表才能解决的地步，11.2 节将讨论分库分表的问题。当单表的订单数据太多，多到影响系统性能的时候，首选的方案是归档历史订单。

所谓归档，其实就是一种拆分数据的策略。简单地说，就是把大量的历史订单移到另外一张历史订单表中。为什么这么做呢？因为像订单这类具有时间属性的数据，通常会存在“热尾效应”。大多数情况下访问的都是最近的订单数据，而订单表里面的大量数据都是不常用的老数据。

因为新数据只占数据总量中很少的一部分，所以把新老数据分开之后，新数据的数据量就会少很多，查询速度也会因此快很多。虽然与之前的总量相比，老数据并没有减少太多，查询速度的提升也不明显，但是因为老数据很少会被访问到，所以即使慢一点儿也不会有太大的问题。

这样拆分数据的另外一个好处是，拆分订单时，系统需要改动的代码非常少。对订单表的大部分操作都是在订单完成之前执行的，这些业务逻辑都是完全不用修改的。即使是像退货退款这类订单完成之后的操作，也是有时限的，这些业务逻辑也不需要修改，还是按照之前那样操作订单即可。

基本上只有查询统计类的功能，会查到历史订单，这些都需要稍微做一些调整。按照查询条件中的时间范围，选择去订单表还是历史订单表中查询就可以了。很多大型互联网电商在逐步发展壮大的过程中，长达数年的时间采用的都是这种订单拆分的方案。之前在京东或淘宝上查询自己的订单时，都有一个查询“三个月前订单”的选项，这里的“三个月”，就是新老订单的分界线。

归档历史订单的流程如图 11-1 所示。

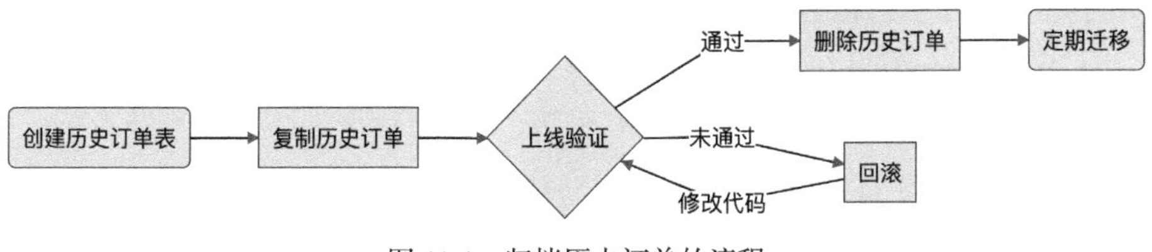


图 11-1　归档历史订单的流程

1）首先，创建一个与订单表结构一模一样的历史订单表。

2）然后，把订单表中的历史订单数据分批查出来，插入历史订单表中。这个过程的实现可以采用多种方法，比如，用存储过程、编写脚本，或者通过导数据的小程序等方法，用自己最熟悉的方法就行。如果数据库已经做了主从分离，那么最好是先通过从库查询订单，再写到主库的历史订单表中，这样能够减轻对主库的压力。

3）现在，订单表和历史订单表都包含了历史订单数据，先不要急着删除订单表中的数据，而是应该测试和上线支持历史订单表的新版本代码。因为两个表都包含了历史订单数据，所以现在这个数据库可以支持新旧两个版本的代码，如果新版本的代码出现问题，则我们可以立刻回滚到旧版本上，因而不会对线上业务产生影响。

4）等新版本代码上线并验证无误之后，就可以删除订单表中的历史订单数据了。

5）最后，还需要上线一个迁移数据的程序或脚本，定期把过期的订单从订单表搬到历史订单表中去。

类似于订单商品表这类与订单相关的子表，也需要按照同样的方式归档到各自的订单历史表中，由于它们都是用订单 ID 作为外键来关联到订单主表的，因此子表随着订单主表中的订单一起归档就可以了。

在这个过程中，我们需要注意的问题是，尽量不要影响线上的业务。迁移如此大量的数据，或多或少都会影响数据库的性能，因此应该尽量选择在闲时迁移。更重要的是，迁移之前一定要做好备份，这样的话，即使不小心误操作了，也能用备份来恢复。

### 11.1.2 如何批量删除大量数据

在迁移历史订单数据的过程中，还有一个很重要的细节问题：如何从订单表中删除已经迁走的历史订单数据？直接执行一个删除历史订单的 SQL 语句行不行？例如，是否能像如下这样删除三个月之前的订单：

```
delete from orders
```

```
where timestamp < SUBDATE(CURDATE(),INTERVAL 3 month);
```

答案是，有很大概率会遇到错误，提示删除失败，因为需要删除的数据量太大了，所以需要分批删除。比如，每批删除 1000 条记录，分批删除的 SQL 语句可以这样写：

```
delete from orders
where timestamp < SUBDATE(CURDATE(),INTERVAL 3 month)
order by id limit 1000;
```

执行删除语句的时候，最好能在每次删除之间停顿一会儿，避免对数据库造成太大的压力。反复执行如上所示的分批删除的 SQL 语句，直到历史订单全部删除为止，至此，删除任务顺利完成。不过，上述 SQL 语句还是有很大优化空间的。这个 SQL 每执行一次，都要先去 timestamp 对应的索引上找到符合条件的记录，然后再把这些记录按照订单 ID 排序，之后再删除前 1000 条记录。

其实，没有必要每次都按照 timestamp 比较订单，所以我们可以先执行一次查询，找到符合条件的历史订单中最大的那个订单 ID，然后在删除语句中把删除的条件转换成按主键删除。优化后的 SQL 语句如下：

```
select max(id) from orders
where timestamp < SUBDATE(CURDATE(),INTERVAL 3 month);

delete from orders
where id <= ?
order by id limit 1000;
```

这样每次删除的时候，由于条件变成了主键比较，而在 MySQL 的 InnoDB 存储引擎中，表数据结构就是按照主键组织的一棵 B+ 树，同时 B+ 树本身就是有序的，因此优化后不仅查找变得非常快，而且也不需要再进行额外的排序操作了。当然，这样做的前提条件是订单 ID 必须与订单时间正相关才行，大多数订单 ID 的生成规则都可以满足这个条件，所以问题不大。

接下来再说一下，为什么在删除语句中非得加一个排序的操作呢？因为按 ID 排序后，每批删除的记录，基本上都是 ID 连续的一批记录，由于 B+ 树的有序性，这些 ID 相近的记录，在磁盘的物理文件上，大致也是存放在一起的，这样删除效率会比较高，也便于 MySQL 回收页。

删除完大量的历史订单数据之后，如果此时检查一下 MySQL 占用的磁盘空间，就会发现其占用的磁盘空间并没有变小，这是为什么呢？其中的原因与 InnoDB 的物理存储结构有关。

虽然逻辑上每个表都是一棵 B+ 树，但是物理上，每条记录都是存放在磁盘文件中的，这些记录可以通过一些位置指针来组织成一棵 B+ 树。当 MySQL 删除一条记录的时候，实际上其只是找到记录在文件中的位置，然后把文件中的这块区域标记为空闲，最后再修改 B+ 树中的相关指针，完成删除。其实那条被删除的记录还在那个文件的那个位置，所以删除操作并不会释放磁盘空间。

这么做也是没有办法的办法，因为文件就是一段连续的二进制字节，类似于数组，它不支持从文件中间删除一部分数据。如果非要这样删除，只能是把这个位置之后的所有数据往前挪，这样相当于是要移动大量的数据，整个操作会非常耗时。所以，删除的时候，只能是标记一下，并不是真正地删除，后续写入新数据的时候再重新覆盖这块空间。

理解了这个原理之后，我们就能很容易理解，不仅是 MySQL，很多其他的数据库都会有类似的问题。对于这个问题，并没有什么特别好的办法可以解决，如果磁盘空间足够大的话，就这样解决也不错，至少数据删除了，查询速度也能变快，基本上是达到了目的。

如果数据库的磁盘空间很紧张，非要把这部分磁盘空间释放出来，那么我们可以执行一次 OPTIMIZE TABLE 以释放存储空间。对于 InnoDB 来说，执行 OPTIMIZE TABLE 实际上就是把这个表重建一遍，执行过程中会一直锁表，也就是说这个时候下的订单都会卡住，这一点是需要大家特别注意的。另外，这样执行优化必须满足的一个前提条件是，MySQL 的配置必须是每个表要有一个独立的表空间（innodb_file_per_table = ON），如果所有的表都放在一起，那么执行 OPTIMIZE TABLE 也不会释放磁盘空间。

在重新建表的过程中，索引也会重建，这样表数据和索引数据都会更紧凑，不仅占用磁盘空间更小，而且查询效率也会有所提升。那么，对于频繁插入和删除大量数据的表，如果能接受锁表，定期执行 OPTIMIZE TABLE 操作就非常有必要了。

如果系统可以接受暂时停止服务，那么最快的解决方法是这样的：直接新建一个临时订单表，然后把当前订单复制到临时订单表中，再把旧的订单表改名，最后把临时订单表的表名改成正式订单表。这样就相当于是手动重建了一次订单表，而且不需要花费大量的时间来删除大量的历史订单。这种方法的 SQL 语句如下：

```
-- 新建一个临时订单表。
create table orders_temp like orders;

-- 把当前订单复制到临时订单表中。
insert into orders_temp
    select * from orders
    where timestamp >=SUBDATE(CURDATE(),INTERVAL 3 month);

-- 修改并替换表名。
rename table orders to orders_to_be_droppd, orders_temp to orders;

-- 删除旧表。
drop table orders_to_be_droppd;
```

### 11.1.3 小结

对于订单这类具有时间属性的数据，其会随着时间的推移，累积越来越多的数据量，为了提升系统的查询性能，需要对数据进行拆分，首选的拆分方法是，把旧数据归档到历史表中。这种拆分方法能够起到很好的效果，更重要的是对系统的改动小，升级成本低。

在迁移历史数据的过程中，如果可以停服，最快的方式是重建一张新的订单表，然后把三个月内的订单数据复制到新的订单表中，再通过修改表名的方式让新的订单表生效。如果只能在线迁移，那就需要分批迭代删除历史订单数据，删除的时候，应注意控制删除的节奏，避免对线上数据库造成太大的压力。

最后，需要再次提醒的是，线上数据操作非常危险，在操作之前一定要做好数据备份。

### 11.1.4 思考题

在数据持续增长的过程中，本章介绍的这种“归档历史订单”的数据拆分方法与直接进行分库分表的方法（比如，按照订单创建时间，自动拆分成每个月一张表），二者各有什么优点和缺点？

## 11.2 分库分表

解决海量数据的问题，必须要用到分布式的存储集群，因为 MySQL 本质上是一个单机数据库，所以很多场景下，其并不适合存储 TB 级别以上的数据。

但是，绝大部分电商企业的在线交易类业务，比如，订单、支付相关的系统，还是无法离开 MySQL 的。原因是，只有 MySQL 之类的关系型数据库，才能提供金融级的事务保证。前文中也曾提到过分布式事务，那些新的分布式数据库提供的所谓的分布式事务，多少都有些不够完善，目前还达不到这些交易类系统对数据一致性的要求。

虽然 MySQL 无法支持这么大的数据量，以及这么高的并发需求，但是交易类系统必须用它来保证数据一致性，那么，如何才能解决这个问题呢？这里还是要用到之前我们反复提到的思想：分片，也就是拆分数据。如果一个数据库无法支撑 1TB 的数据，那就把它拆分成 100 个库，每个库就只有 10GB 的数据了。这种拆分操作就是 MySQL 的分库分表操作。

虽然分库分表的思路比较简单，但是具体实践起来却比较困难，需要思考和解决很多问题。

### 11.2.1　如何规划分库分表

本节还是以订单表为例进行说明。首先，我们需要思考的问题是，选择分库还是分表？如果选择分库，就要把数据拆分到不同的 MySQL 数据库实例中，如果选择分表，就要把数据拆分到同一个数据库的多张表里面。

在考虑到底是选择分库还是分表之前，我们需要首先明确一个原则，那就是能不拆就不拆，能少拆就不多拆。原因很简单，数据拆得越分散，开发和维护就越麻烦，系统出问题的概率也就越大。

遵循上面这个原则，还需要进一步了解，哪种情况适合分表，哪种情况适合分库。选择分库或是分表的目的是解决如下两个问题。

第一，是为了解决因数据量太大而导致查询慢的问题。这里所说的“查询”，其实主要是事务中的查询和更新操作，因为只读的查询可以通过缓存和主从分离来解决，这一点在第 10 章中已有详细讲解。第 11 章曾提到过，只要减少每次查询的数据总量，就可以解决查询慢的问题，也就是说，分表可用于解决因数据量大而导致的查询慢的问题。

第二，是为了应对高并发的问题。应对高并发问题的解决思路之前也曾提到过，如果一个数据库实例撑不住，就把并发请求分散到多个实例中，所以，分库可用于解决高并发的问题。

简单地说，如果数据量太大，就分表；如果并发请求量高，就分库。

一般情况下，我们的解决方案大都需要同时做分库分表，我们可以根据预估的并发量和数据量，分别计算应该拆分成多少个库，以及多少张表。

另外，我个人建议不要在方案中考虑二次扩容的问题，也就是考虑未来的数据量。先把这次分库分表设计的容量都填满即可，之后数据如何再次分裂的问题，之后再说。

现今技术和业务变化这么快，等真正到了那个时候，业务可能早已改变，也可能又出现了新的技术，之前设计的二次扩容方案大概率是用不上的，所以没有必要为了未来的数据量而增加方案的复杂程度。还是那句话，越简单的设计，可靠性越高。

### 11.2.2 如何选择分片键

分库分表还有一个重要的问题，那就是如何选择一个合适的列（也称为属性），作为分表的依据，该属性一般称为分片键（Sharding Key）。比如，第11章所讲的归档历史订单的方法，它的分片键就是订单完成时间。每次查询的时候，查询条件中都必须带上这个时间，这样程序就能知道，如果是三个月以前的数据，就查询历史订单表，如果是三个月之内的数据，就查询订单表，这就是一个简单的按照时间范围来分片的算法。

选择合适的分片键和分片算法非常重要，因为其将直接影响分库分表的效果。接下来我们先讨论如何选择分片键的问题。

选择分片键有一个最重要的参考因素是，我们的业务是如何访问数据的？

比如，我们把订单ID作为分片键来拆分订单表。那么拆分之后，如果按照订单ID来查询订单，就需要先根据订单ID和分片算法，计算所要查的这个订单具体在哪个分片上，也就是哪个库的哪张表中，然后再去那个分片执行查询操作即可。

但是，当用户打开“我的订单”这个页面的时候，它的查询条件是用户ID，由于这里没有订单ID，因此我们无法知道所要查询的订单具体在哪个分片上，也就没法查了。当然，如果要强行查询的话，那就只能把所有的分片都查询一遍，再合并查询结果，这个过程比较麻烦，而且性能很差，还不能分页。

那么，如果是把用户ID作为分片键呢？答案是，也会面临同样的问题：使用订单ID作为查询条件来查询订单的时候，将会无法找到订单具体是在哪个分片上。这个问题的解决办法是，在生成订单ID的时候，把用户ID的后几位作为订单ID的一部分。比如，我们可以自行规定，在18位订单号中，第10到13位是用户ID的后四位，这样按订单ID查询的时候，就可以根据订单ID中的用户ID找到分片。当然，这里的实现还需要借助于分片算法的支持，我们才能根据用户ID的后四位来确定分片。比如，当我们使用最简单的取模算法时，分片数量必须是10 000的整数倍。

然而，系统对订单的查询方式，肯定不只是按订单ID或按用户ID查询两种方式。比如，商家希望看到的是自家店铺的订单，还有与订单相关的各种报表。对于这些查询需求，一旦对订单做了分库分表，就没法解决了。这个问题又该怎么解决呢？

一般的做法是，把订单数据同步到其他存储系统中，然后在其他存储系统里解决该问题。比如，我们可以再构建一个以店铺ID作为分片键的只读订单库，专门供商家使用。或者把订单数据同步到Hadoop分布式文件系统（HDFS）中，然后通过一些大数据技术生成与订单相关的报表。

所以，一旦做了分库分表，就会极大地限制数据库的查询能力，原本很简单的查询，分库分表之后，可能就没法实现了。所以之前的章节只介绍了各种用于缓解数据量大、并发需求高等问题的方法，而一直没有讲解分库分表的相关内容。分库分表一定是在数据量和并发请求量大到所有招数都无效的情况下，我们才会采用的最后一招。

### 11.2.3　如何选择分片算法

在第11章的思考题中提到过用订单完成时间作为分片键，这合适吗？比如，分成12个分片，每个月一个分片。这样对查询的兼容性就会好很多，毕竟在查询条件中带上时间范围，让查询只落到某一个分片上，还是比较容易的，只需要在查询界面上强制用户必须指定时间范围即可实现。

不过，这种做法有个很大的问题。比如，现在是3月份，那么基本上所有的查询都会集中在3月份这个分片上。其他11个分片都闲着，这样做不仅浪费资源，而且3月份的那个分片很可能根本无法支撑几乎全部的并发请求。这个问题就是“热点问题”。

也就是说，我们希望并发请求和数据能够均匀地分布到每一个分片上，尽量避免出现热点问题。这是选择分片算法时需要考虑的一个重要因素。常用的分片算法一般就那么几种，刚刚讲到的按照时间范围分片的算法就是其中的一种。

虽然基于范围来分片很容易产生热点问题，不适合作为订单的分片方法，但是这种分片方法的优点也很突出，那就是对查询非常友好，基本上只要在查询条件中加上一个时间范围，那么原本该怎么查，分片之后还可以怎么查。范围分片特别适合于那种数据量非常大，但并发访问量不大的ToB系统。比如，电信运营商的监控系统，它可能需要采集所有人手机的信号质量，然后做一些分析，这个系统涉及的数据量非常大，而系统的使用者只是运营商的工作人员，并发量很少。这种情况就很适合采用范围分片的方法。

一般来说，订单表都会采用更均匀的哈希分片算法。比如，我们要分24个分片，选定用户ID作为分片键，那么，决定某个用户的订单应该落到哪个分片上的算法是，以用户ID除以24，得到的余数就是分片号。这是最简单的取模算法，基本上可以满足大部分要求。当然，还有一些更复杂的哈希算法，像一致性哈希之类的算法，情况特殊时也可以使用。

需要注意的一点是，哈希分片算法能够分得足够均匀的前提条件是，用户ID的后几位数字必须是均匀分布的。比如，我们在生成用户ID的时候，自定义了一个用户ID的规则，最后一位如果是0则代表男性，如果是1则代表女性，这样的用户ID通过哈希算法得到的结果可能就没那么均匀了，可能会出现热点。

还有一种分片的方法是查表法。查表法其实就是没有分片算法，决定某个分片键落在哪个分片上，全靠人为分配，分配的结果记录在一张表里面。每次执行查询的时候，先去表中查一下所要找的数据在哪个分片中。查表的流程如图11-2所示。

查表法的好处是比较灵活，怎么分都可以，如果使用上面两种分片算法都无法分均匀，那就可以用查表法，通过人工操作使数据均匀分布。查表法还有一个突出的优点是，它的分片可以随时改变。比如，如果发现某个分片已经是热点了，那么我们可以把这个分片再拆成几个分片，或者把这个分片的数据移到其他分片中去，然后修改分片映射表，这样就可以在线完成数据拆分了。

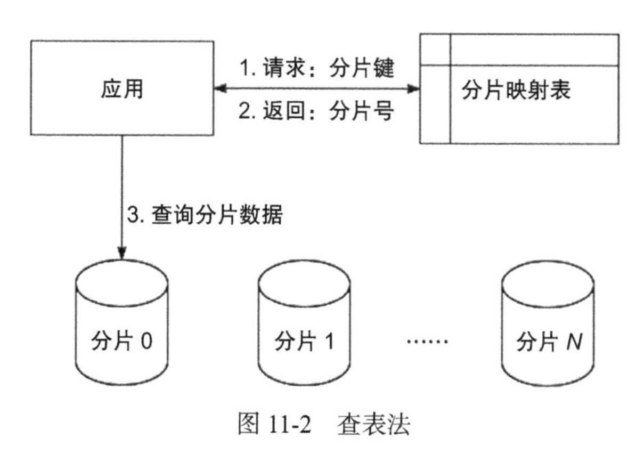


图 11-2　查表法

需要注意的是，分片映射表本身的数据不能太多，否则该表反而会成为热点和性能瓶颈。相较于其他两种分片算法，查表法的缺点是需要二次查询，实现起来更复杂，性能上也稍微差一些。但是，分片映射表可以通过缓存来加速查询，因此实际性能并不会差很多。

### 11.2.4　小结

对 MySQL 这样的单机数据库来说，分库分表是应对海量数据和高并发的最后一招，分库分表之后，数据查询将会受到非常大的限制。

分库的数量需要通过并发量来预估，分表的数量需要通过数据量来预估。选择分片键的时候，一定要能兼容业务最常用的查询条件，让查询尽量落在一个分片中，分片之后无法进行兼容查询，我们可以通过把数据同步到其他存储系统中来解决这个问题。

常用的分片算法有三种，各有优劣：范围分片容易产生热点问题，但对查询更友好，适合并发量不大的场景；哈希分片能够比较容易地把数据和查询均匀地分布到所有分片中；查表法更灵活，但性能稍差。

对订单表进行分库分表操作，一般可以将用户 ID 作为分片键，采用哈希分片算法来均匀地分布用户的订单数据。为了能够支持系统按订单号查询的需求，我们需要把用户 ID 的后几位放到订单号中。

最后，需要强调的一点是，本章所讲的分片相关的知识，不仅适用于 MySQL 数据库的分库分表，还适用于其他的分布式数据库，在如何分片、如何选择分片键和分片算法的问题上，不同数据库的分片原理都是一样的，所以本章所讲的这些方法是可以通用的。

### 11.2.5 思考题

请思考，拆分订单表之后，那些与订单有外键关联的表，应该如何处理？

第 12 章 Chapter 12

# 缓存海量数据

## 12.1 用 Redis 构建缓存集群的最佳实践

前面都是以 MySQL 为例来讲解如何应对海量数据，如何应对高并发，如何实现高可用的，在开始本节内容之前，我们先简单复习一下。

- 数据量太大导致查询慢的问题该如何解决？存档历史数据，或者分库分表，这是数据分片。
- 并发需求太高，系统无法支撑该如何解决？读写分离，这是增加实例数。
- 数据库宕机该如何解决？增加从节点，主节点宕机的时候用从节点代替主节点，这是主从复制。但是这里需要特别注意数据一致性的问题。

之前的章节中曾多次提到过，这些方法不仅仅是 MySQL 所特有的，它们也适用于几乎所有的存储系统。

本节就来讨论如何构建一个生产系统可用的 Redis 缓存集群。文中将会提供几种集群解决方案，它们所用到的思想，与本书之前所讲的基本上一样。

### 12.1.1 Redis Cluster 如何应对海量数据、高可用和高并发问题

Redis 从 3.0 版本开始，就提供了官方的集群支持，即 Redis Cluster(这里的 Redis Cluster 是 Redis 官方的开源集群产品名称，并非泛指用 Redis 搭建的集群)。Redis Cluster 集群相较于单个节点的 Redis，能保存更多的数据，支持更高的并发，并且可以实现高可用，能够在单个节点故障的情况下，继续提供服务。

与 MySQL 分库分表的方式类似，为了能够保存更多的数据，Redis Cluster 也是通过分片的方式，把数据分布到集群的多个节点上。

Redis Cluster 是如何实现分片的呢？其引入了一个“槽”（Slot）的概念，这个槽就是哈希表中的哈希槽。槽是 Redis 分片的基本单位，每个槽里面包含一些键（Key)。每个集群的槽数都是固定的 16 384（即 16 × 1024）个，每个键落在哪个槽中也是固定的，计算方法如下：

```
HASH_SLOT = CRC16(key) mod 16384
```

这个算法很简单，先计算键的 CRC（Cyclic Redundancy Check，循环冗余校验）值，然后把这个 CRC 之后的键值直接除以 16 384，余数就是键所在的槽。这个算法就是第 11 章提到过的哈希分片算法。

那么，这些槽又是如何存放到具体的 Redis 节点上的呢？这个映射关系保存在集群的每个 Redis 节点上，集群初始化的时候，Redis 会自动平均分配这 16 384 个槽，除此之外，还可以通过命令来调整。这个分槽的方法，就是第 11 章提到过的分片算法：查表法。

客户端可以连接集群的任意一个节点来访问集群的数据，当客户端请求一个键的时候，收到请求的那个 Redis 实例首先会通过上面的公式，计算出这个键在哪个槽中，然后再查询槽和节点的映射关系，找到数据所在的真正节点。如果这个节点正好是它自己，那就直接执行命令返回结果。如果数据不在当前这个节点上，那就向客户端返回一个重定向的命令，告诉客户端，应该去哪个节点上请求这个键的数据，然后客户端会再次连接

正确的节点来访问该键。

解决完分片问题之后，Redis Cluster 就可以通过水平扩容来增加集群的存储容量了。但是，每次向集群增加节点的时候，都需要从集群的老节点中，搬运一些槽转移到新节点中。我们既可以手动指定将哪些槽迁移到新节点上，也可以利用官方提供的 redis-trib.rb 脚本来自动重新分配槽，从而实现自动迁移。

分片可以解决 Redis 保存海量数据的问题，并且从客观上提升 Redis 的并发能力和查询性能。但是并不能解决高可用的问题，每个节点只保存了整个集群数据的一个子集，任何一个节点宕机，都会导致这个宕机节点上的那部分数据无法访问。

那么，Redis Cluster 是如何解决高可用问题的呢？答案可以参见上文讲到的方法：增加从节点，做主从复制。Redis Cluster 支持为每个分片增加一个或多个从节点。每个从节点在连接到主节点上之后，首先会向主节点发送一个 SYNC 命令，请求一次全量复制，也就是把主节点上的数据全部复制到从节点中。全量复制完成之后，就会进入同步阶段，主节点会把刚才全量复制期间收到的命令，以及后续收到的命令持续地转发给从节点。

因为 Redis 不支持事务，所以它的复制相较于 MySQL 更简单，连 Binlog 都省了，直接通过转发客户端发来的更新数据的命令即可实现主从同步。如果某个分片的主节点宕机了，那么集群中的其他节点会在这个分片的从节点中选出一个从节点作为新的主节点继续提供服务。新的主节点选举出来之后，集群中的所有节点都会感知到，这样，如果客户端的请求键落在了故障分片上，就会被重定向到新的主节点上。

最后，我们来讨论 Redis Cluster 是如何应对高并发的。

一般来说，Redis Cluster 进行分片之后，每个分片都会承接一部分并发请求，加上 Redis 本身单节点的性能就非常高，所以大部分情况下，不需要再像 MySQL 那样做读写分离来解决高并发的问题。默认情况下，集群的读写请求都是由主节点负责的，从节点的作用只是作为一个热备。当然了，Redis Cluster 也支持读写分离，以及在从节点上读取数据。

以上就是 Redis Cluster 的基本原理，我们可以参照图 12-1 来加深理解。

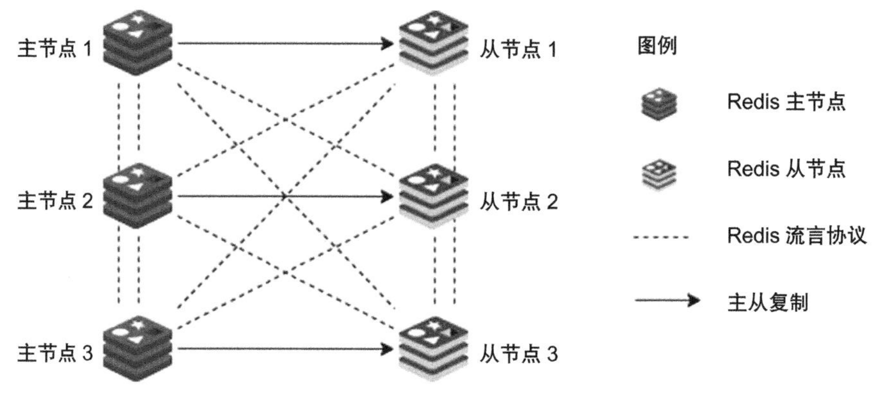


图 12-1 Redis Cluster 的基本原理

由图 12-1 我们可以看到，Redis Cluster 的整体架构与 MySQL 构建集群的原理完全相同。

具体如何搭建 Redis Cluster，以及相关的操作命令，可以参考 Redis 官方的教程 *Redis cluster tutorial*（教程网址：https://redis.io/topics/cluster-tutorial）。

### 12.1.2 为什么 Redis Cluster 不适合超大规模集群

Redis Cluster 的优点是易于使用。分片、主从复制、弹性扩容这些功能都可以实现自动化，简单的部署就可以实现一个大容量、高可靠、高可用的 Redis 集群，并且对于应用来说，其近乎透明。

所以，Redis Cluster 非常适合用于构建中小规模的 Redis 集群，这里的中小规模指的是，大概几个到几十个节点这样规模的 Redis 集群。

不过，Redis Cluster 不太适合构建超大规模集群，主要原因是，它采用了去中心化的设计。之前讲过，Redis 的每个节点上，都保存了所有槽和节点的映射关系表，客户端可以访问任意一个节点，再通过重定向命令，找到数据所在的那个节点。那么，映射关系表又是如何更新的呢？比如，集群加入了新节点，或者某个主节点宕机了，选举出了新的主节点，在这些情况下，集群中每一个节点上的映射关系表都需要更新。

Redis Cluster 采用了一种去中心化的流言（Gossip）协议来传播集群配置的变化。协议一般都比较复杂，限于篇幅，这里不会深究具体的协议及其实现算法，只是简单地介绍一下该协议的实现原理。

流言协议的优点是去中心化，就像八卦传闻一样，不需要组织，人们会自发传播，通过人传人，八卦信息会大范围扩散出去。因此流言协议的部署和维护非常简单，由于没有中心节点，因此不存在单点故障，任何一个节点出现故障，都不会影响信息在集群中的传播。不过，流言协议也有缺点，那就是传播速度比较慢，而且是集群规模越大，传播的速度就越慢。关于这一点也很好理解，比如，即使是热门的八卦新闻，要想让全国范围内的每个人都知道这个消息，也需要一定的传播时间。在集群规模比较大的情况下，数据不同步的问题会明显放大，而且还带有一定的不确定性，如果出现问题，就会很难排查到问题所在。

### 12.1.3 如何用 Redis 构建超大规模集群

由于 Redis Cluster 不适合构建成大规模的集群，因此很多大型企业都会选择自主搭建 Redis 集群。虽然不同企业的解决方案会有其自身的特色，但是总体的架构都是大同小异的。

用 Redis 构建超大规模集群可以采用多种方式，比较常用的方法是采用一种基于代理的方式，即在客户端和 Redis 节点之间，增加一层代理服务。这个代理服务可以起到如下三个方面的作用。

第一个作用是，负责在客户端和 Redis 节点之间转发请求和响应。客户端只与代理服务打交道，代理收到客户端的请求之后，会转发到对应的 Redis 节点上，节点返回的响应再经由代理转发返回给客户端。

第二个作用是，负责监控集群中所有 Redis 节点的状态，如果发现存在问题节点，就及时进行主从切换。

第三个作用是，维护集群的元数据，这个元数据主要是集群所有节点的主从信息，以及槽和节点的关系映射表。代理服务的架构与第 10 章中讲过的用 HAProxy+KeepAlived 来代理 MySQL 请求的架构类似，只是多出了一个自动分片路由的功能。Redis 集群代理服务的架构如图 12-2 所示。

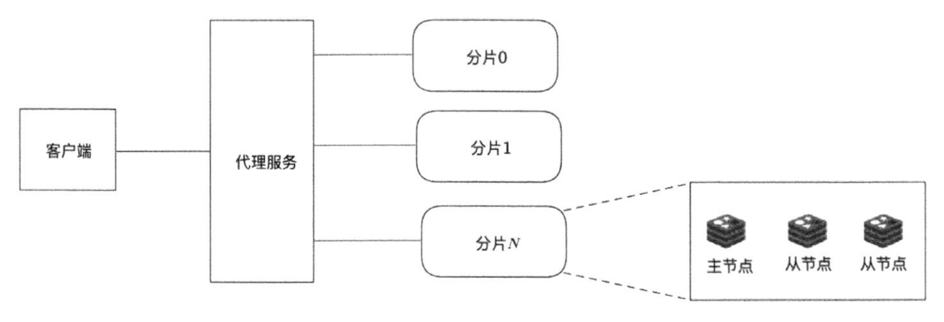


图 12-2 Redis 集群代理架构

像开源的 Redis 集群方案 twemproxy 和 Codis，采用的都是代理服务这种架构。

代理服务架构最大的优点是对客户端透明，从客户端的视角来看，整个集群就像是一个超大容量的单节点 Redis 一样。除此之外，由于分片算法是受代理服务控制的，因此扩容比较方便，新节点加入集群后，直接修改代理服务中的元数据就可以完成扩容。

不过，Redis 集群代理架构的缺点也很突出，由于增加了一层代理转发，因此每次数据访问的链路变得更长了，这必然会导致一定的性能损失。而且代理服务本身也是集群的一个单点。当然，我们可以把代理服务也做成一个集群来解决单点问题，那样集群就更复杂了。

用 Redis 构建超大规模集群的另外一种方式是，不使用代理服务，只是把代理服务的寻址功能前移到客户端中。客户端在发起请求之前，首先会查询元数据，这样就可以知道要访问的是哪个分片和哪个节点，然后直连对应的 Redis 节点访问数据即可。

当然，客户端不用每次都去查询元数据，因为这个元数据基本上是不会发生变化的，客户端可以自行缓存元数据，这样访问性能基本上就与单机版的 Redis 一样了。如果某个分片的主节点宕机了，就会选举新的主节点，并更新元数据中的信息。对集群的扩容操作也比较简单，除了必须完成数据的迁移工作之外，再更新一下元数据就可以了。定制客户端的 Redis 集群架构如图 12-3 所示。

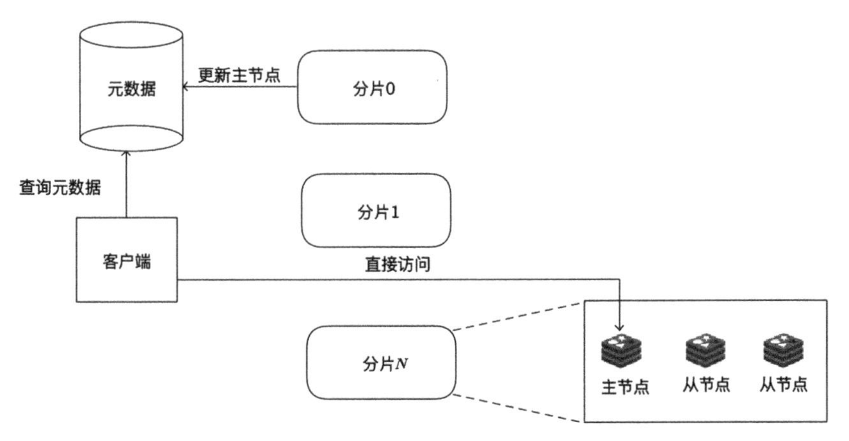


图 12-3　定制客户端的 Redis 集群架构

虽然该方案的元数据服务仍然是一个单点，但是它的数据量不大，访问量也不大，相对来说比较容易实现。ZooKeeper、etcd 甚至 MySQL 都可以被用来实现上述元数据服务。定制客户端的 Redis 集群方案应该是最适合超大规模 Redis 集群的方案了，其在性能、弹性、高可用等几个方面的表现都非常好，缺点是整个架构比较复杂，客户端不能通用，需要开发定制化的 Redis 客户端，只有规模足够大的企业才能负担得起高昂的定制开发成本。

## 12.1.4　小结

12.1 节讲解了构建 Redis 集群的三种方式，对于小规模的集群，建议使用官方的 Redis Cluster，在节点数量不多的情况下，其各方面的表现都很好。对于较大规模的集群，则可以考虑使用 twemproxy 或 Codis 这类基于代理的集群架构，虽然是开源方案，但目前已经通过了多家公司在生产环境中的验证。相比于代理方案，使用定制客户端的方案性能更好，很多大型企业采用的都是类似的架构。

这里还有一个小问题需要大家特别注意，这三种集群方案对于一些类似于“Keys”之类的多Key命令，是无法做到完全支持的。原因很简单，数据分片之后，这种多Key的命令很有可能需要跨多个分片查询。当系统从单个Redis库升级到集群时，可能需要考虑一下这方面的兼容性问题。

### 12.1.5 思考题

很多存储系统构建集群的原理基本上都是一样的，这一点对于存储系统的使用者来说是一件好事，比如，掌握了MySQL，再学Redis时，只要研究一下其与MySQL不一样的那部分内容，就可以精通Redis了。

请思考，HDFS在解决分片、复制和高可用这几个方面，哪些地方与其他存储系统类似，哪些地方是自己所独有的。

## 12.2 大型企业如何实现MySQL到Redis的同步

第10章中曾提到过Read/Write Through和Cache Aside这几种更新缓存的策略，这几种策略都存在缓存穿透的可能性，如果缓存没有命中，就需要穿透缓存，直接访问数据库以获取数据。

一般情况下，只要提前做好缓存预热，使缓存的命中率保持在一个相对比较高的水平上，那么穿透缓存直接访问数据库的请求比例就会非常低，这种情况下，这些缓存的策略都是没有问题的。但是，如果Redis缓存服务的是一个超大规模的系统，那就又不一样了。

本节将重点讨论在超大规模系统中缓存会面临什么样的问题，以及应该使用什么样的策略来更新缓存。

### 12.2.1 缓存穿透：超大规模系统的不能承受之痛

前文中提到过如何构建Redis集群，由于集群可以水平扩容，因此只要集群足够大，理论上支持海量并发就不是问题。但是，如果并发请求数量的基数过大，那么即使只有很小比率的请求穿透缓存，直接访问数据库的请求其绝对数量也仍然不小。再加上大促期间的流量峰值，还是会存在因为缓存穿透而引发系统雪崩的风险。

那么，这个问题该如何解决呢？其实方法并不难想到，不让请求穿透缓存就行了。如今内存存储的价格一路走低，只要能买得起足够多的服务器，Redis 集群的容量就是无限的。我们可以把全量数据都放在 Redis 集群中，处理读请求的时候，只需要读取 Redis，而不用访问数据库，这样就完全没有“缓存穿透”的风险了。实际上，很多大型互联网公司都在使用这种方法。

不过，在 Redis 中缓存全量数据，又会引发一个新的问题。那就是，缓存中的数据应该如何更新呢？因为我们取消了缓存穿透的机制，在这种情况下，如果能从缓存中直接读到数据，则可以直接返回，如果没能读到数据，那就只能返回错误了！所以，当系统更新数据库的数据之后，必须及时更新缓存。

至此，我们又要面对一个老问题：如何保证 Redis 中的数据与数据库中的数据同步更新？前文提到过，可以用分布式事务来解决数据一致性的问题，但是这些方法都不太适合用来更新缓存。原因是，分布式事务对数据更新服务有很强的侵入性。这里仍以下单服务为例来说明，如果为了更新缓存，增加一个分布式事务，那么无论我们使用哪种分布式事务，下单服务的性能或多或少都会受到影响。还有一个问题是，如果 Redis 本身出现了故障，写入数据失败，则还会导致下单失败的问题，相当于是降低了下单服务的性能和可用性，这样肯定是不行的。

对于像订单服务之类的核心业务，一个可行的方法是，启动一个更新订单缓存的服务，接收订单变更的消息队列（Message Queue，MQ）中的消息，然后更新 Redis 中缓存的订单数据。使用订单变更消息更新缓存的结构如图 12-4 所示。因为对于这类核心的业务数据，使用方通常会非常多，服务本来就需要向外发送消息，增加一个消费订阅，基本上不会增加额外的开发成本，也不需要对订单服务本身做出任何更改。

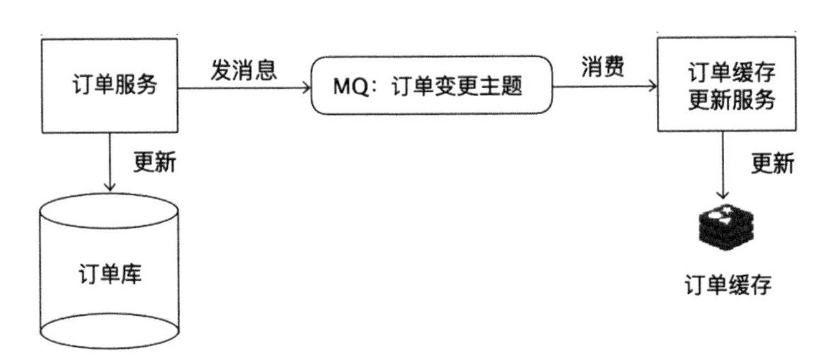


图 12-4 使用订单变更消息更新缓存

对于上述方法，我们唯一需要担心的问题是，如果消息丢失了，应该怎么办？因为现在消息是缓存数据的唯一来源，一旦出现消息丢失的问题，缓存里缺失的那条数据就会永远也无法补上，所以，必须保证整个消息链条的可靠性。不过，好在现在的 MQ 集群（比如 Kafka 或 RocketMQ），都拥有高可用性和高可靠性的保证机制，只要能事先正确配置好，就可以满足数据的可靠性要求。

像订单服务这样，由于本来就有现成的数据变更消息可以订阅，因此像这样更新缓存也是一个不错的选择，因为这种方式实现起来很简单，对系统的其他模块也完全没有侵入。

### 12.2.2 使用 Binlog 实时更新 Redis 缓存

如果我们要缓存的数据，原本就没有一份数据更新的消息队列可以订阅，又该怎么办呢？本节就来介绍很多大型互联网企业所采用的，也是更通用的解决方案。

数据更新服务只负责处理业务逻辑，更新 MySQL，完全不用考虑如何更新缓存。负责更新缓存的服务，把自己伪装成一个 MySQL 的从节点，从 MySQL 接收并解析 Binlog 之后，就可以得到实时的数据变更信息，然后该服务就会根据这个变更信息去更新 Redis 缓存。订阅 Binlog 更新缓存的结构如图 12-5 所示。

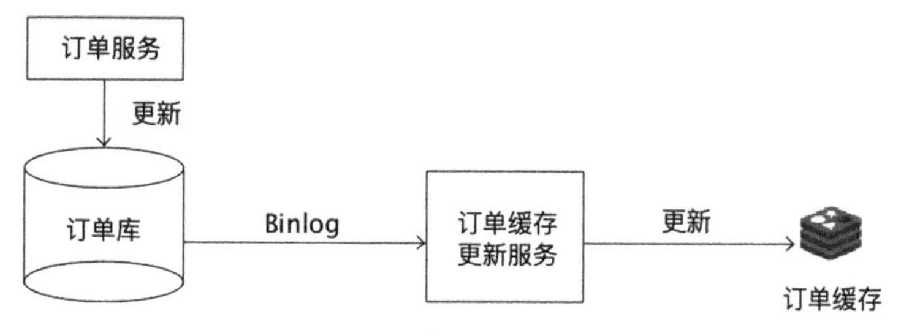


图 12-5 订阅 Binlog 更新缓存的结构

订阅 Binlog 更新缓存的方案，相较于上文中接收消息更新 Redis 缓存的方案，两者的实现思路其实是一样的，都是异步实时订阅数据变更信息以更新 Redis 缓存。只不过，直接读取 Binlog 这种方式，通用性更强。该方式不会要求订单服务再发送订单消息，订单更新服务也不用额外考虑如何解决“消息发送失败了该怎么办?”这种数据一致性问题。

除此之外，由于在整个缓存更新链路上，减少了一个收发消息队列的环节，从 MySQL 更新到 Redis 更新的时延变得更短，出现故障的可能性也更低，因此很多大型互联网企业更青睐于采用这种方案。

订阅 Binlog 更新缓存的方案唯一的缺点是，实现订单缓存更新服务比较复杂，该方案毕竟不像接收消息那样，收到的直接就是订单数据，解析 Binlog 还是挺麻烦的。

很多开源的项目都提供了订阅和解析 MySQL Binlog 的功能，下面就以比较常用的开源项目 Canal 为例来演示，如何实时接收 Binlog 更新 Redis 缓存。

Canal 通过模拟 MySQL 主从复制的交互协议，把自己伪装成一个 MySQL 的从节点，向 MySQL 主节点发送 dump 请求。MySQL 收到请求后，就会向 Canal 开始推送 Binlog，Canal 解析 Binlog 字节流之后，将其转换为便于读取的结构化数据，供下游程序订阅使用。图 12-6 展示了如何使用 Canal 订阅 Binlog 更新 Redis 中的订单缓存。

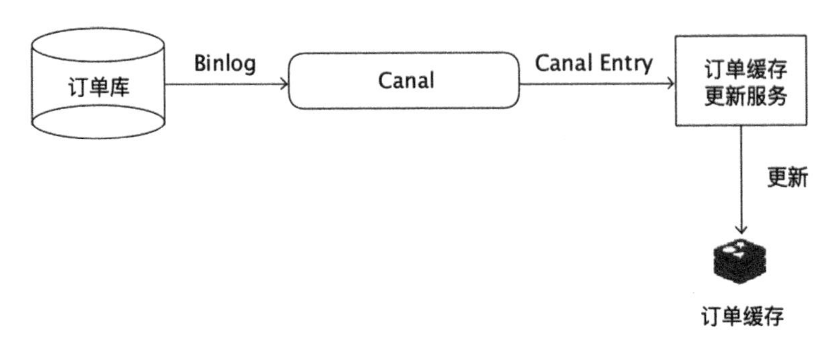


图 12-6 使用 Canal 订阅 Binlog 更新缓存

在这个示例中，MySQL 和 Redis 都在本地的默认端口上运行，MySQL 的端口为 3306，Redis 的端口为 6379。为了便于大家操作，下面还是以第 5 章中提到的账户余额表 account_balance 作为演示数据。

首先，下载并在本地解压 Canal 当前最新的 1.1.4 版本，操作命令如下：

```
wget https://github.com/alibaba/canal/releases/download/canal-1.1.4/
    canal.deployer-1.1.4.tar.gz
tar zvfx canal.deployer-1.1.4.tar.gz
```

然后，配置 MySQL，我们需要在 MySQL 的配置文件中开启 Binlog，并将 Binlog 的格式设置为 ROW，配置项如下：

```
[mysqld]
log-bin=mysql-bin # 开启 Binlog。
binlog-format=ROW # 将 Binlog 格式设置为 ROW。
server_id=1       # 配置一个 ServerID。
```

接下来，为 Canal 新建一个专门的 MySQL 用户并授权，以确保这个用户有复制 Binlog 的权限，具体操作的 SQL 命令如下：

```
CREATE USER canal IDENTIFIED BY 'canal';
GRANT SELECT, REPLICATION SLAVE, REPLICATION CLIENT ON *.* TO
    'canal'@'%';
FLUSH PRIVILEGES;
```

然后，重启 MySQL，以确保所有的配置都能生效。重启后再检查一下当前的 Binlog 文件和位置，SQL 命令和输出结果具体如下：

```
mysql> show master status;
+-------------+--------+-----------+---------------+----------------+
| File        |Position|Binlog_Do_DB|Binlog_Ignore_DB|Executed_Gtid_Set|
+-------------+--------+-----------+---------------+----------------+
|binlog.000009|     155|            |                |                 |
+-------------+--------+-----------+---------------+----------------+
```

记录下 File 和 Position 两列的值，然后再来配置 Canal。编辑 Canal 的实例配置文件 canal/conf/example/instance.properties，以便让 Canal 连接到我们的 MySQL 上，具体配置如下：

```
canal.instance.gtidon=false
# position info
canal.instance.master.address=127.0.0.1:3306
canal.instance.master.journal.name=binlog.000009
canal.instance.master.position=155
canal.instance.master.timestamp=
canal.instance.master.gtid=
# username/password
canal.instance.dbUsername=canal
canal.instance.dbPassword=canal
canal.instance.connectionCharset = UTF-8
canal.instance.defaultDatabaseName=test
# table regex
canal.instance.filter.regex=.*\\..*
```

这个配置文件需要配置 MySQL 的连接地址、库名、用户名和密码，除此之外，还要配置 canal.instance.master.journal.name 和 canal.instance.master.position 这两个属性，取值就是刚刚记录的 File 和 Position 两列。然后就可以启动 Canal 服务了，命令如下：

```
canal/bin/startup.sh
```

启动之后再查看一下日志文件 canal/logs/example/example.log，如果日志中没有报错信息，就说明 Canal 服务已启动成功并连接到我们的 MySQL 上了。

Canal 服务启动之后，会开启一个端口（11111）等待客户端连接，客户端连接上 Canal 服务之后，就可以从 Canal 服务拉取（PULL）数据了，每拉取一批数据，正确写入 Redis 之后，需要向 Canal 服务返回处理成功的响应。如果发生客户端程序宕机，或者处理失败等异常情况，Canal 服务没有收到处理成功的响应，那么下次客户端来拉取的就还是同一批数据，这样就可以保证读到的 Binlog 顺序不会乱，并且不会丢失数据。

接下来，我们来开发一个账户余额缓存的更新程序，以下代码都是用 Java 语言编写的：

```
while (true) {
    Message message = connector.getWithoutAck(batchSize); // 获取指定
        数量的数据。
    long batchId = message.getId();
    try {
        int size = message.getEntries().size();
        if (batchId == -1 || size == 0) {
            Thread.sleep(1000);
        } else {
            processEntries(message.getEntries(), jedis);
        }

        connector.ack(batchId); // 提交确认。
    } catch (Throwable t) {
        connector.rollback(batchId); // 处理失败，回滚数据。
    }
}
```

这个程序的逻辑并不复杂，程序启动并连接到 Canal 服务后，就不停地拉取数据，如果没有数据就休眠一会儿，如果有数据就调用 processEntries 方法处理并更新缓存。每批数据更新成功之后，都会调用 ack 方法向 Canal 服务返回成功响应，如果失败则抛出异常之后再回滚。下面是 processEntries 方法的主要代码：

```
for (CanalEntry.RowData rowData : rowChage.getRowDatasList()) {
    if (eventType == CanalEntry.EventType.DELETE) { // 删除。
        jedis.del(row2Key("user_id", rowData.getBeforeColumnsList()));
    } else if (eventType == CanalEntry.EventType.INSERT) { // 插入。
        jedis.set(row2Key("user_id", rowData.getAfterColumnsList()),
            row2Value(rowData.getAfterColumnsList()));
```

```
        } else { // 更新。
            jedis.set(row2Key("user_id", rowData.getAfterColumnsList()),
                row2Value(rowData.getAfterColumnsList()));
        }
    }
```

上述代码会根据事件类型分别进行处理，如果 MySQL 中的数据删除了，就删除 Redis 中对应的数据。如果是更新和插入操作，就调用 Redis 的 SET 命令来写入数据。

下面就来启动这个账户缓存更新服务以进行验证。在账户余额表中插入一条记录，SQL 命令如下：

```
mysql> insert into account_balance values (888, 100, NOW(), 999);
```

然后，我们再来看一下 Redis 缓存，操作命令和输出结果如下：

```
127.0.0.1:6379> get 888
"{\"log_id\":\"999\",\"balance\":\"100\",\"user_id\":\"888\",\
    "timestamp\":\"2020-03-08 16:18:10\"}"
```

从上述输出结果中我们可以看到，数据已经自动同步到 Redis 中了。GitHub 上可以下载该示例的完整代码，链接地址是：https://github.com/liyue2008/canal-to-redis-example。

### 12.2.3 小结

在处理超大规模并发的场景时，由于并发请求的数量非常大，即使只有少量的缓存穿透，也有可能卡死数据库引发雪崩效应。对于这种情况，我们可以通过 Redis 缓存全量数据来彻底避免缓存穿透的问题。对于缓存数据更新的方法，我们可以通过订阅数据更新的消息队列来异步更新缓存，更通用的方法是，把缓存更新服务伪装成一个 MySQL 从节点，订阅 MySQL 的 Binlog，通过 Binlog 来更新 Redis 缓存。

需要特别注意的是，无论是通过消息队列还是 Canal 来异步更新缓存，系统对整个更新服务的数据可靠性和实时性要求都比较高，数据丢失或者更新慢了，都会造成 Redis 中的数据与 MySQL 中的数据不同步的问题。在把这套方案应用到生产环境之前，我们需要考虑一旦出现不同步的问题，应该采取什么样的降级或补偿方案。

### 12.2.4 思考题

请思考，如果出现缓存不同步的问题，对于你所负责的业务场景，应该采取什么样的降级或补偿方案？

## 12.3 基于 Binlog 实现跨系统实时数据同步

第 11 章中提到过，当数据量太大的时候，如果单个存储节点存不下，就需要分片存储数据。

数据分片之后，数据的查询操作就会受到诸多限制。比如，如果将用户 ID 作为分片键对订单表进行分片，那就只能根据用户 ID 维度来查询。这样，商家就会无法查询自家店铺的订单，当然，强行查询也不是不行，只是要在所有分片上都查询一遍，再把结果聚合起来，整个过程又慢又麻烦，实际意义不大。

对于这样的需求，目前普遍采取的解决方案是用空间换时间，毕竟如今存储设备越来越便宜。再存一份订单数据到商家订单库，然后以店铺 ID 作为分片键进行分片，专门供商家查询订单之用。

另外，第 7 章中也曾提到过，对于同一份商品数据，如果是按照关键字搜索，放在 ES 中会比放在 MySQL 中快上好几个数量级。原因是，数据的组织方式、物理存储结构和查询方式，对查询性能的影响是巨大的，而且海量数据还会呈指数级地放大这个性能差距。

所以，在大规模系统中，对于海量数据的处理原则，都是根据业务对数据查询的需求，反过来确定选择什么数据库、如何组织数据结构、如何分片数据等之类的问题，这样才能获得最优的查询性能。同样一份订单数据，除了要在订单库中保存一份，用于在线交易之外，还会在各种数据库中，以各种各样的组织方式进行存储，以满足不同业务系统的查询需求。

在大型互联网企业中，其核心业务数据，以不同的数据结构和存储方式，保存几十甚至上百份，都是非常正常的。

那么，问题来了，如何才能做到让这么多份数据实时地保持同步呢？

前文中讲到过，分布式事务可以解决数据一致性的问题。比如，我们可以用本地消息表，把一份数据实时同步给另外两三个数据库，这个数量还是可以接受的。但如果需要同步的数据份数太多就不行了，并且还会对在线交易业务造成侵入，所以分布式事务解决不了大规模数据的实时同步问题。

本节将主要讨论如何把订单数据实时地、准确无误地同步到大量异构数据库中。

### 12.3.1　使用 Binlog 和消息队列构建实时数据同步系统

早期大数据刚刚兴起的时候，大多数系统还无法实现异构数据库的实时同步，当时普遍的做法是，使用 ETL 工具定时同步数据。在 $T$+1 时刻同步上一个周期的数据，然后再做后续的计算和分析。定时 ETL 工具无法满足需要实时查询数据的业务需求。所以，如今实时同步的方式基本上已经完全取代了这种定时同步的方式。

那么，大数据量的多个异构数据库应该如何实现实时同步呢？12.2 节中讲过一种方法，利用 Canal 把自己伪装成一个 MySQL 的从库，从 MySQL 数据库中实时接收 Binlog，然后写入 Redis 缓存。本节只需要稍微改进一下这个方法，就可以用来实现异构数据库的实时同步了。

为了能够支撑下游的众多数据库，从 Canal 出来的 Binlog 数据肯定不能直接写入下游的众多数据库中。原因有如下两点：一是写不过来；二是下游的每个数据库，在写入之前可能还要处理一些数据转换和过滤的工作。所以我们需要在 Canal 中增加一个消息队列来解耦上下游（如图 12-7 所示）。

图 12-7 中，Canal 从 MySQL 收到 Binlog，并解析成结构化数据之后，直接写入消息队列的一个订单 Binlog 主题中，然后每个需要同步订单数据的业务方，都会去订阅该订单 Binlog 主题，消费解析后的 Binlog 数据。在每

个消费者自己的同步程序中，解析后的 Binlog 数据既可以直接入库，也可以做一些数据转换、过滤，或者经过计算之后再入库，这样就比较灵活了。

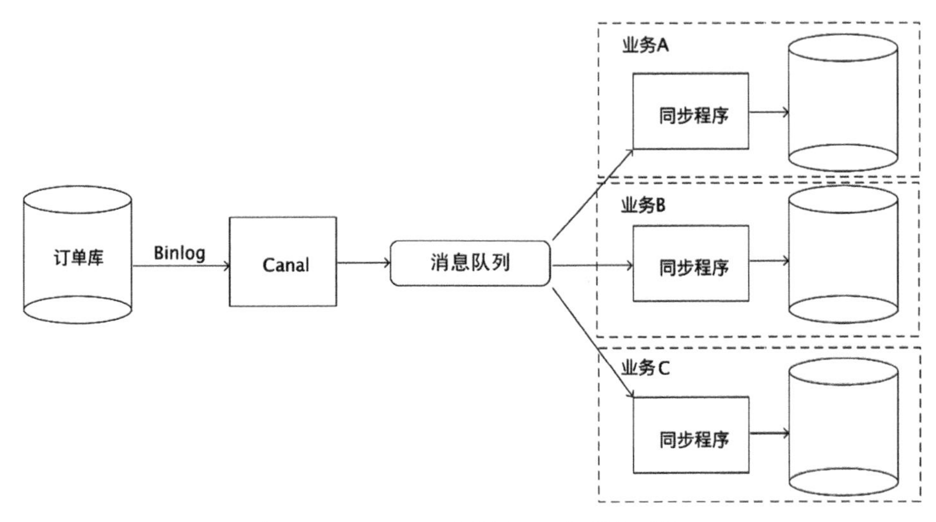


图 12-7 在 Canal 中使用 MQ 解耦上下游

### 12.3.2 如何保证数据同步的实时性

有些接收 Binlog 消息的下游业务，对数据的实时性要求比较高，不能容忍太高的同步时延。比如，在大促的时候，每家电商公司都会通过一个大屏幕，实时显示现在有多少笔交易，交易额是多少。这个大屏幕是给各个管理者看的，如果大屏幕上的数字时延长达半小时，那肯定是不行的。

大促的时候，数据量大，并发高，数据库中的数据变动频繁，同步的 Binlog 流量也非常大。为了保证同步的实时性，整个数据同步链条上的任何一个环节，其处理速度都必须要跟得上才行。下面就来逐步分析可能会出现性能瓶颈的环节。

首先是源头的订单库，如果订单库的速度跟不上，那么其对业务的影响就不只是大屏展示的交易额延迟了，甚至还会影响到用户下单，这是数据库本身就要解决的问题，所以这里我们不再考虑。再顺着数据的流向往下看，Canal 和消息队列这两个环节，由于基本上没有什么业务逻辑，因此性能通常都比较好。一般来说，容易成为性能瓶颈的就是消费 Binlog 消息的同步程序，因为这些同步程序中一般都会带有一些业务逻辑，而且如果下游的数据库写性能跟不上，那么反映在表象上也是该同步程序处理性能上不来，消息积压在消息队列里面。

那么，我们能不能多添加一些同步程序的实例数，或者增加线程数，通过增加并发来提升处理能力呢？这里所说的并发数，并不是随便想扩容就可以扩容的，下面就来解释具体原因。

MySQL 主从同步 Binlog，是一个单线程的同步过程。为什么是单线程呢？原因很简单，在从库执行 Binlog 的时候，必须按顺序执行，才能保证数据与主库是一样的。为了确保数据的一致性，Binlog 的顺序很重要，顺序是绝对不能乱的。严格来说，对于每一个 MySQL 实例，整个处理链条都必须是单线程串行执行，消息队列的主题也必须设置为只有 1 个分区（队列），这样才能保证数据同步过程中的 Binlog 是严格有序的，写到目标数据库的数据才能是正确的。

那么，如果单线程的处理速度上不去，消息积压越来越多，是不是就代表无解了呢？其实办法还是有的，但是必须与业务结合起来共同解决。

本节还是以订单库为例来说明，其实并不是订单库所有的更新操作都需要严格有序地执行，比如，A 和 B 两个订单号不同的订单，因为两者之间完全没有任何关系，所以它们更新的先后顺序并不会影响数据的一致性。但是对于同一个订单，如果更新的 Binlog 执行顺序出现错乱，那么同步出来的订单数据就会出错。

也就是说，我们只要保证每个订单的更新操作日志的顺序不要错乱就可以了。这种一致性要求称为因果一致性（Causal Consistency），有因果关系的数据之间必须严格保证顺序，没有因果关系的数据之间其顺序则是无所谓的。

基于这个理论基础，我们可以并行地进行数据同步，操作方法具体如下。

首先，根据下游同步程序的消费能力，计算所需的并发量；然后将消息队列中主题的分区（队列）数量和并发数设置成一致。因为消息队列可以保证在同一分区内，消息是不会乱序的，所以我们需要把具有因果关系的Binlog都放到相同的分区中，这样就可以保证同步数据的因果一致性。对应到订单库就是，相同订单号的Binlog必须放到同一个分区上。

这一点与之前讲过的数据库分片有些相似。因此分片算法也可以拿来复用了，比如，我们可以使用最简单的哈希算法，将Binlog中的订单号除以消息队列的分区总数，余数就是这条Binlog消息发往的分区号。

Canal自带的分区策略就支持按照指定的Key，把Binlog哈希到下游的消息队列中去，具体的配置请参考Canal接入消息队列的文档。

### 12.3.3 小结

对于海量数据，我们必须根据查询方式，选择数据库类型和数据的组织方式，才能达到理想的查询性能。这就需要把同一份数据，按照不同的业务需求，以不同的组织方式，存放到各种异构数据库中。因为数据的来源大多都是在线交易系统的MySQL数据库，所以我们可以利用MySQL的Binlog来实现异构数据库之间的数据实时同步。

为了能够支撑众多下游数据库实时同步的需求，可以通过消息队列解耦上下游，先将Binlog发送到消息队列中，下游各业务方可以消费消息队列中的消息，然后再写入各自的数据库。

如果下游处理能力不能满足要求，则可以增加消息队列中的分区数量，以实现并发同步，但需要结合同步的业务数据特点，把具有因果关系的数据哈希到相同的分区上，只有这样才能避免因为并发乱序而出现数据同步错误的问题。

### 12.3.4 思考题

请思考，在数据同步的架构下，如果下游的某个同步程序或数据库出现了问题，需要把Binlog回退到某个时间点，然后重新同步，那么这个问题又该如何解决呢?

第 13 章 Chapter 13

# 更换数据库

随着系统规模的逐渐增大，我们迟早会面临需要更换数据库的问题，比如下面这几种常见的情况。

- 对 MySQL 做了分库分表之后，需要从原来的单实例数据库迁移到新的数据库集群上。
- 系统从传统部署方式向云上迁移的时候，也需要从自建的数据库迁移到云数据库上。
- 当 MySQL 的性能不够用的时候，一些在线分析类的系统需要更换成一些专门的分析类数据库，比如 HBase。

更换数据库需要面临非常大的技术挑战，因为需要保证在整个迁移过程中，既不能长时间停止服务，也不能丢失数据。

本章将讲解如何在不停机的情况下，安全地迁移数据、更换数据库。

## 13.1 如何实现不停机更换数据库

我们都知道墨菲定律：“如果事情有变坏的可能，不管这种可能性有多小，它总会发生。”对应到更换数据库这件事情上，就是在更换数据库的过程中，只要有一点可能会出问题的地方，哪怕出现问题的概率非常小，它都会出问题。

实际上，无论是新版本的程序还是新的数据库，即使我们做了严格的验证测试，实现了高可用方案，对于刚刚上线的系统，它的稳定性也是不够好的。需要有一个磨合的过程，才能逐步达到一个稳定的状态，这是客观规律。这个过程中一旦出现故障，如果不能及时恢复，那么其所造成的损失往往是我们难以承担的。

所以我们在设计迁移方案的时候，一定要保证每一步都是可逆的。也就是必须保证，每执行完一个步骤，一旦出现任何问题，都能快速回滚到上一个步骤。这是很多开发人员在设计这种升级类技术方案的时候比较容易忽略的问题。

接下来，我们还是以订单库为例来说明这个迁移方案应该如何设计。

首先要做的一点是，把旧库的数据全部复制到新库中。因为旧库还在服务线上业务，所以不断会有订单数据写入旧库，我们不仅要向新库复制数据，还要保证新旧两个库的数据是实时同步的。所以，需要用一个同步程序来实现新旧两个数据库的实时同步。

可以使用 Binlog 实现两个异构数据库之间数据的实时同步，具体操作请回顾第 12 章对这个方法的讲解。这一步不需要回滚，因为这里只增加了一个新库和一个同步程序，对系统的旧库和程序没有任何改变。即使新上线的同步程序影响到了旧库，停掉同步程序也就可以了。此时系统的架构如图 13-1 所示。

然后，需要改造一下订单服务，业务逻辑部分不需要变动，DAO 层需要进行如下改造。

1）支持双写新旧两个库，并且预留热切换开关，能通过开关控制三种写状态：只写旧库、只写新库和同步双写。

2）支持读取新旧两个库，同样预留热切换开关，控制读取旧库还是新库。

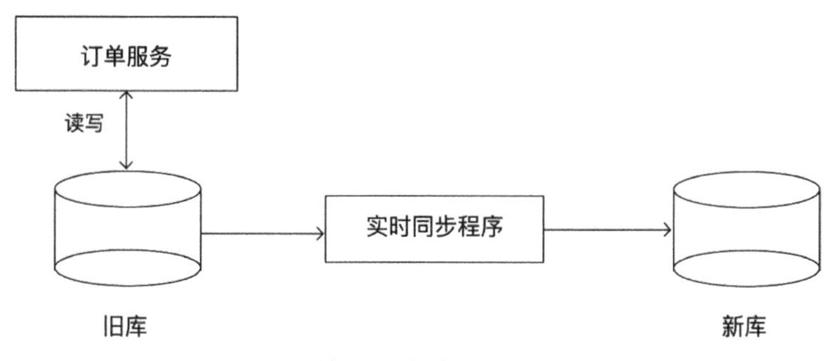


图 13-1　增加一个新库和实时同步程序

然后，上线新版的订单服务，这个时候，订单服务仍然是只读写旧库，不读写新库。让这个新版的订单服务稳定运行至少一到两周的时间，其间我们不仅要验证新版订单服务的稳定性，还要验证新旧两个订单库中的数据是否保持一致。这个过程中，如果新版订单服务出现任何问题，都要立即下线新版订单服务，回滚到旧版本的订单服务。

稳定一段时间之后，就可以开启订单服务的双写开关了。开启双写开关的同时，需要停掉同步程序。这里有一个需要特别注意的问题是，这里双写的业务逻辑，一定是先写旧库，再写新库，并且以旧库的结果为准。

如果旧库写成功，新库写失败，则返回成功，但这个时候要记录日志，后续我们会根据这个日志来验证新库是否还有问题。如果旧库写失败，则直接返回失败，同时也不再写新库了。这么做的原因是，不能让新库影响到现有业务的可用性和数据准确性。上面这个过程如果出现任何问题，都要关闭双写，回滚到只读写旧库的状态。

切换到双写之后，新库与旧库的数据可能会出现不一致的问题。原因有两点：一是停止同步程序和开启双写，这两个过程很难做到无缝衔接；二是双写的策略也不能保证新旧库的强一致性。对于这个问题，我们需要上线一个比对和补偿的程序，用于比对旧库最近的数据变更，然后检查新库中的数据是否一致，如果不一致，则需要进行补偿。此时系统的架构如图 13-2 所示。

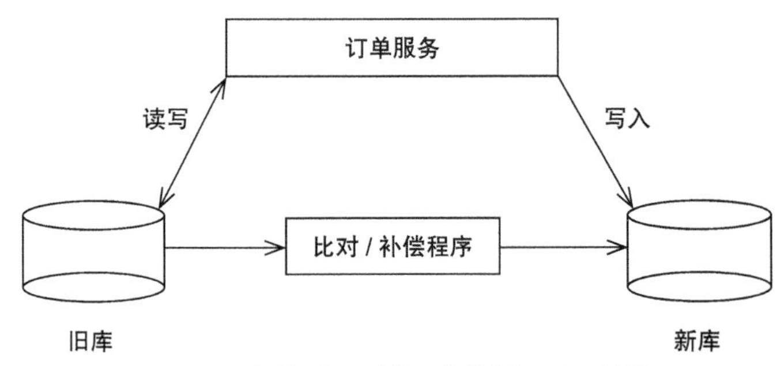


图 13-2 切换到双写并开启数据比对和补偿

开启双写之后，还需要稳定运行至少几周的时间，并且在这期间我们需要不断地检查，以确保不能有旧库写成功、新库写失败的问题。如果在几周之后比对程序发现新旧两个库的数据没有不一致的情况，那就可以认为新旧两个库的数据一直都是保持同步的。

接下来就可以用类似灰度发布的方式把读请求逐步切换到新库上。同样，运行期间如果出现任何问题，都要再切回到旧库。将全部读请求都切换到新库上之后，其实读写请求已经全部切换到新库上了，虽然实际的切换已经完成，但后续还有需要收尾的步骤。

再稳定一段时间之后，就可以停掉比对程序，把订单服务的写状态改为只写新库。至此，旧库就可以下线了。注意，在整个迁移过程中，只有这个步骤是不可逆的。由于这一步的主要操作就是摘掉已经不再使用的旧库，因此对于正在使用的新库并不会有什么影响，实际出问题的可能性已经非常小了。

至此，我们完成了在线更换数据库的全部流程。双写版本的订单服务也完成了它的历史使命，可以在下一次升级订单服务版本的时候下线双写功能。

## 13.2 如何实现比对和补偿程序

在上面的数据库切换过程中，如何实现比对和补偿程序是整个切换设计方案中的一个难点。这个比对和补偿程序的实现难点在于，我们要比对的是两个随时都在变化的数据库中的数据。在这种情况下，我们没有类似复制状态机这样理论上严谨、实际操作还很简单的方法来实现比对和补偿。但我们还是可以根据业务数据的实际情况，有针对性地实现比对和补偿，经过一段时间之后，把新旧两个数据库的差异逐渐收敛到一致。

像订单这类时效性比较强的数据，是比较容易进行比对和补偿的。因为订单一旦完成之后，几乎就不会再改变了，比对和补偿程序就可以根据订单完成时间，每次只比对这个时间窗口内完成的订单。补偿的逻辑也很简单，发现不一致的情况后，直接用旧库的订单数据覆盖新库的订单数据就可以了。

这样，切换双写期间，对于少量不一致的订单数据，等到订单完成之后，补偿程序会将其修正。后续在双写的时候，只要新库不是频繁写入失败，就可以保证两个库的数据完全一致。

比较麻烦的是更一般的情况，比如像商品信息之类的数据，随时都有可能会发生变化。如果数据上带有更新时间，那么比对程序就可以利用这个更新时间，每次从旧库中读取一个更新时间窗口内的数据，到新库中查找具有相同主键的数据进行比对，如果发现数据不一致，则还要比对一下更新时间。如果新库数据的更新时间晚于旧库数据，那么很可能是比对期间数据发生了变化，这种情况暂时不要补偿，放到下个时间窗口继续进行比对即可。另外，时间窗口的结束时间不要选取当前时间，而是要比当前时间早一点，比如 1 分钟之前，这样就可以避免比对正在写入的数据了。

如果数据没带时间戳信息，那就只能从旧库中读取 Binlog，获取数据变化信息，然后到新库中查找对应的数据进行比对和补偿。

这里需要特别说明的一点是，如果严格推敲，上面这些方法都不是百分之百严谨的，并不能保证在任何情况下经过比对和补偿后，新库的数据与旧库的是完全一样的。但是，在大多数情况下，这些实践方法还是可以有效地收敛新旧两个库的数据差异，大家可以酌情采用。

## 13.3 小结

设计在线切换数据库的技术方案，首先要保证数据的安全性，确保对于每个步骤，一旦失败，都可以快速回滚。此外，我们还要确保在迁移的过程中不会丢失数据，这一点主要是依靠实时同步程序和比对 / 补偿程序来实现。

下面就来把这个复杂的切换过程按照顺序总结成 7 个要点，供大家参考。

1）上线同步程序，把数据从旧库中复制到新库中，并保持实时同步。

2）上线双写订单服务，只读写旧库。

3）开启双写，同时停止同步程序。

4）开启比对和补偿程序，以确保新旧数据库的数据完全一样。

5）将服务对数据库的读请求逐步切换到新库上。

6）下线比对补偿程序，关闭双写，将读写请求都切换到新库上。

7）下线旧库和订单服务的双写功能。

## 13.4 思考题

在数据库的整个切换方案中，只有一个步骤是不可逆的，那就是由双写切换为新库单写。请思考：如果可以不计成本，我们应该如何修改迁移方案，让这一步也能实现快速回滚？

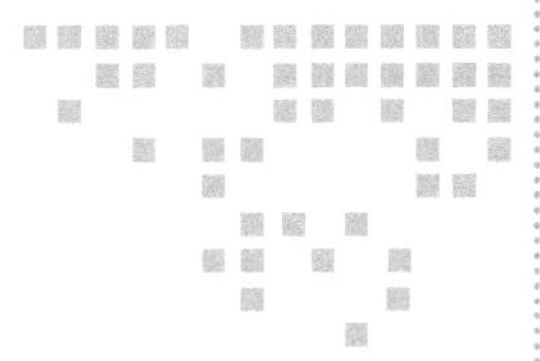

第 14 章 Chapter 14

# 对象存储：最简单的分布式存储系统

存储像图片、音视频之类的大文件，最佳的选择就是对象存储。对象存储不仅有很好的大文件读写性能，还可以通过水平扩展实现近乎无限的存储容量，除此之外，还可以兼顾服务高可用性、数据高可靠性这些特性。

对象存储之所以能够做到这么“全能”，最主要的原因是，对象存储是原生的分布式存储系统。这里的“原生的分布式存储系统”，是相对于 MySQL、Redis 这类单机存储系统来说的。虽然这些非原生的存储系统，也具备一定的集群能力，但是使用它们构建大规模的分布式集群，其实是非常困难的。

随着云计算的普及，很多新生代的存储系统，都是原生的分布式系统，它们最初的设计目标之一就是分布式存储集群，比如，Elasticsearch、Ceph 和国内很多一线云服务厂商推出的新一代数据库，大多可以实现如下特性。

- 近乎无限的存储容量。
- 超高的读写性能。
- 数据的高可靠性：节点磁盘损毁不会导致丢数据的问题。

❑ 服务的高可用性：节点宕机不会影响集群对外提供服务。

那么，这些原生的分布式存储系统又是如何实现这些特性的呢？

实际上，这些分布式存储系统也有很多共通之处。这一点我们也可以理解，除了存储的数据结构，以及提供的查询服务不一样之外，这些分布式存储系统，所面临的很多问题都是一样的，因此它们的实现方法基本相同这一点也是可以理解的。

对象存储的查询服务和数据结构都非常简单，是最简单的原生分布式存储系统。本章就来一起研究一下对象存储——一种最简单的原生分布式存储，并通过对象存储来了解分布式存储系统的一些共性。掌握了这些共性之后，再想学习和了解其他的分布式存储系统和数据库，就会容易得多。

## 14.1 对象存储数据是如何保存大文件的

对象存储对外提供的服务，其实就是一个近乎无限容量的大文件 KV 存储。而对于分布式文件系统来说，每个文件都有一个全局唯一的路径，这个路径可以理解为文件的“Key”，所以对象存储和分布式文件系统之间，并没有非常明确的界限。对象存储的内部，肯定会有很多存储节点，用于保存这些大文件，因此称其为数据节点的集群。

另外，为了管理这些数据节点及节点中的文件，我们还需要一个存储系统，用于保存集群的节点信息、文件信息及它们之间的映射关系信息。我们将这些为了管理集群而存储的数据，称为元数据（Metadata）。

对于一个存储集群来说，元数据非常重要，所以保存元数据的存储系统必须也是一个集群。由于元数据集群存储的数据量比较少，数据的变动不是很频繁，再加上客户端或网关也会缓存一部分元数据，因此元数据集群对并发的要求并不高。一般使用类似 ZooKeeper 或 etcd 这类分布式存储即可满足要求。

另外，存储集群为了对外提供访问服务，还需要一个网关集群，对外接收外部请求，对内访问元数据和数据节点。网关集群中的各个节点不需要保存任何数据，都是无状态的节点。有些对象存储没有网关，取而代之的是客户端，但它们的功能和作用都是一样的。典型的对象存储集群架构如图 14-1 所示。

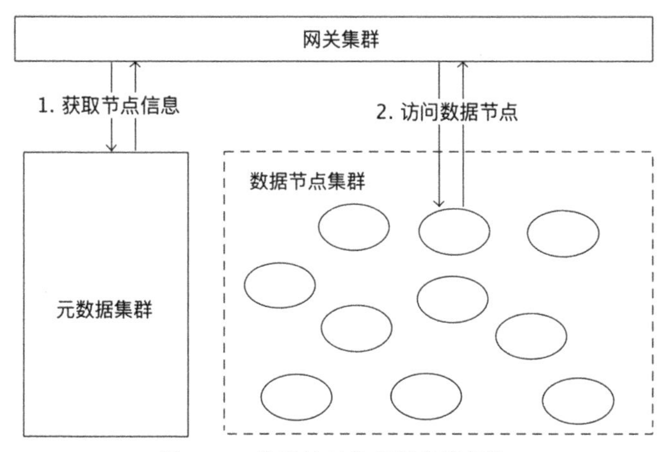


图 14-1　典型的对象存储集群架构

那么，对象存储又是如何处理对象读写请求的呢？由于对象存储处理读请求和写请求的流程是一样的，因此我们统一来说。网关收到对象的读写请求后，首先根据请求中的键，到元数据集群中找到这个键所在的数据节点，然后访问对应的数据节点读写数据，最后把结果返回给客户端。

上面比较粗略地梳理了一下对象存储处理读写请求的大致流程，实际上其中还包含了很多细节，我们暂时没有展开来讲，就是为了让大家在整体上对对象存储，以至于分布式存储系统，有一个清晰的认知。

虽然图 14-1 所示的是对象存储集群的结构，但是把图中的名词改一改，也完全可以套用到绝大多数分布式文件系统和数据库上，比如 HDFS。

## 14.2　如何拆分和保存大文件对象

接下来就来讨论对象存储到底是如何保存大文件对象的。一般来说，对象存储中保存的文件都是图片、视频之类的大文件。在对象存储中，每个大文件都会被拆成多个大小相等的块（Block），拆分的方法其实很简单，就是把文件从头到尾按照固定的块大小，切成若干个小块，最后一个块的长度很有可能不足一个块的大小，也按一个块来处理。块的大小一般配置为几十 KB 到几 MB 左右。

把大对象文件拆分成块的目的有两个，具体如下。

第一是为了提升读写性能，这些块可以分散到不同的数据节点上，这样就可以并行读写了。

第二是把文件分成大小相等的块，便于更好地维护和管理。

对象被拆分成块之后，会过于碎片化，如果直接管理这些块，则会导致元数据的数据量变得非常大，同时也没有必要管理到这么细的粒度。所以，一般都会把块再聚合起来，放到块的容器里面。这里所说的“容器”就是存放一组块的逻辑单元。容器这个名词，并没有统一的叫法，比如，Ceph 将其称为 Data Placement，大家理解其含义就行。容器内块的数量大多是固定的，所以容器的大小也是固定的。

至此我们可以看出，容器的概念，比较类似于之前讲 MySQL 和 Redis 时提到的“分片”的概念，都是复制、迁移数据的基本单位。每个容器都会有 $N$ 个副本，这些副本的数据都是一样的。其中有一个主副本，其他的都是从副本，主副本负责数据的读写，从副本则是从主副本中复制数据，来保证主从数据的一致性。

不过，这里也有一点与之前所讲的不一样的地方，对象存储一般是不会记录类似于 MySQL 的 Binlog 这样的日志。主从复制的时候，复制的不是日志，而是整块的数据。这样设计的原因有两个，具体如下。

第一个原因是基于性能的考虑。众所周知，操作日志中实际上就包含着数据。在更新数据的时候，先记录操作日志，再更新存储引擎中的数据，相当于是在磁盘上串行写了两次数据。对于像数据库这种每次更新的数据都很少的存储系统，这个开销是可以接受的。但是对于对象存储来说，其每次写入的块都很大，两次磁盘 I/O 的开销就有些不值得了。

第二个原因是它的存储结构比较简单，即使没有日志，只要按照顺序，整块地复制数据，也仍然可以保证主从副本的数据一致性。

上面所说的对象（也就是文件）、块和容器，都是逻辑层面的概念。当数据落实到副本上之后，这些副本就是真实的物理存在了。这些副本会被分配到数据节点上保存起来。这里的数据节点就是运行在服务器上的服务进程，主要负责在本地磁盘上保存副本的数据。图 14-2 展示了大文件在对象存储中拆分和存储的逻辑。

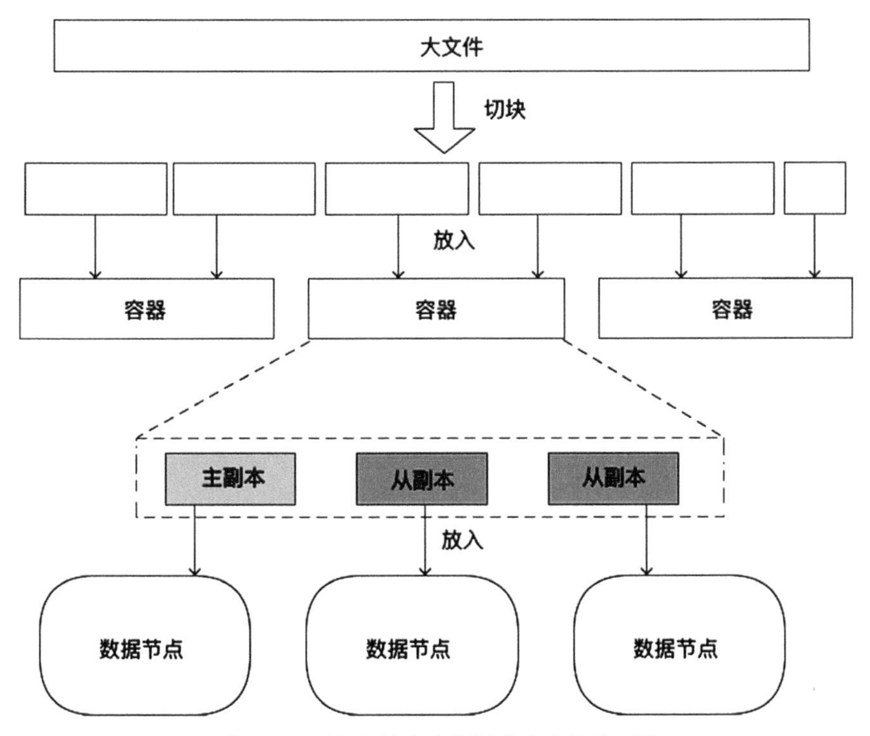


图 14-2　对象存储中数据拆分和存储的逻辑

了解了对象拆分和存储在数据节点上的逻辑之后，我们再来回顾一下数据访问的流程。当我们请求访问某个键的时候，网关首先会从元数据中查找该键的元数据。然后根据元数据中记录的对象长度，计算出对象有多少个块。接下来的流程就可以分块并行处理了。对于每个块，我们还需要再去元数据中，找到它所在的容器。

前文提到过，容器就是分片，把块映射到容器中的方法就是第 11 章中讲到的几种分片算法。不同的系统选择实现的方式也不一样，有用哈希分片的，也有用查表法把对应的关系保存在元数据中的。找到容器之后，再到元数据中查找容器的 $N$ 个副本所在的数据节点，然后，网关直接访问对应的数据节点就可以读写数据了。

## 14.3 小结

对象存储是最简单的分布式存储系统，主要由数据节点集群、元数据集群和网关集群（或者客户端）三部分构成。数据节点集群负责保存对象数据，元数据集群负责保存集群的元数据，网关集群或客户端对外提供简单的访问 API，对内则是访问元数据和数据节点以读写数据。

为了便于维护和管理，大的对象会拆分为若干个固定大小的块，块又被封装到容器（也就是分片）中，每个容器有一主 $N$ 从多个副本，这些副本又会分散到集群的数据节点上保存。

对象存储虽然简单，但是它具备一个分布式存储系统的全部特征。所有分布式存储系统共通的特性，对象存储全都具备，比如，数据如何分片，如何通过多副本保证数据的可靠性，如何在多个副本间复制数据，如何确保数据的一致性，等等。

希望大家在学习本章的时候，不仅要学会对象存储，还要对比分析一下，对象存储与其他分布式存储系统（比如 MySQL 集群、HDFS、Elasticsearch 等）之间有什么共通之处，又有哪些差异。想通了这些问题之后，大家对分布式存储系统的认知，一定会上升到一个全新的高度。这之后再去看一些之前不了解的存储系统，就会简单很多。

## 14.4　思考题

本章中提到过，对象存储并不是基于日志来进行主从复制的。假设我们的对象存储是一主二从三个副本，采用半同步的方式复制数据，也就是主副本和任意一个从副本更新成功后，就向客户端返回成功响应。主副本所在的节点宕机之后，这两个从副本中，至少有一个副本上的数据与宕机的主副本是一样的，我们需要找到这个副本作为新的主副本，才能保证宕机后数据不丢失。

请思考，没有日志的情况下，如果这两个从副本上的数据不一样，应该如何确定哪个从副本上面的数据与主副本是一样新的呢？

Chapter 15　第 15 章

# 海量数据的存储与查询

## 15.1　如何存储前端埋点之类的海量数据

对于大部分互联网公司来说，数据量最大的几类数据是：前端埋点数据、监控数据和日志数据。其中，“前端埋点数据”也称为“点击流”，是指在 App、小程序和 Web 页面上的埋点数据，这些埋点数据主要用于记录用户的行为，比如，打开了哪个页面，点击了哪个按钮，在哪个商品上停留了多久等信息。

当然，我们不用因此而担心自己的隐私问题，互联网公司记录用户的行为数据，并不是为了监控用户，而是为了从统计学上分析群体用户的行为，从而改进产品和运营。比如，浏览某件商品的人很多，在其上停留的时间也很长，最后下单购买的人却很少，那么采销人员就要考虑，这件商品的定价是不是太高了。

除了点击流数据之外，监控和日志也是大家常用的数据，这里就不再赘述了。

上述三种数据都是真正的“海量”数据，相比于订单、商品之类的业务数据，点击流的数据量要多出 2 ～ 3 个数量级。这类数据每天产生的数据量很有可能会超过 TB（1 TB = 1024 GB）级别，经过一段时间的累积，有些数据会达到 PB（1 PB = 1024 TB）级别。

这种量级的数据，在大数据技术出现之前，是无法保存和处理的，只能通过采样的方法进行数据分析。以 Hadoop 为代表的大数据技术出现以后，海量数据的存储和计算才得以实现。

本节就来讨论，对于像“点击流”这样的海量数据，应该选择什么样的存储系统来保存。

### 15.1.1 使用 Kafka 存储海量原始数据

早期对于海量原始数据的存储方案，都倾向于先计算再存储。也就是说，在接收原始数据的服务中，先对数据进行过滤和聚合等初步的计算，将数据收敛之后再进行存储。这样可以降低存储系统的写入压力，同时还能节省磁盘空间。

近年来，随着存储设备的成本越来越低，以及数据的价值被不断地重新挖掘，很多大型企业都倾向于先存储再计算。即直接保存海量的原始数据，再对数据进行实时或批量计算。这种方案除了成本较高以外都是优点，具体说明如下。

- 不需要二次分发，就可以同时为多个流和批计算任务提供数据。
- 如果计算任务出现错误，则可以随时回滚，重新计算。
- 如果对数据有新的分析需求，则上线之后，可以直接用历史数据计算出结果，而不用等待收集新的数据。

不过，先存储再计算的方式，对保存原始数据的存储系统提出了更高的要求：不仅要有足够大的容量，能够水平扩容，而且要求读写速度足够快，要能跟得上数据生产的写入速度，同时还要为下游计算提供低延迟的读服务。那么，什么样的存储才能满足这样的要求呢？下面就来介绍几种常用的解决方案。

第一种方案是使用 Kafka 来存储，这种方案的存储结构如图 15-1 所示。可能会有人问，Kafka 不是一个消息队列吗，怎么会成为存储系统？答案是，现今的消息队列，本质上就是分布式的流数据存储系统。

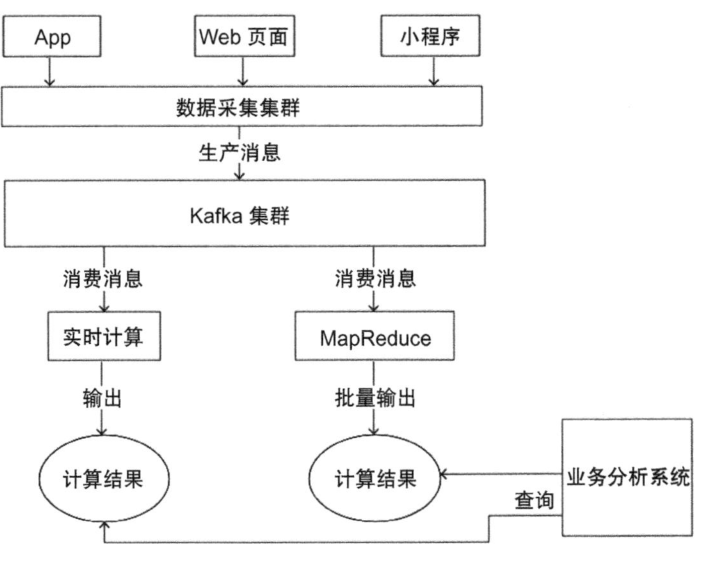


图 15-1 使用 Kafka 存储点击流数据

如果大家感兴趣的话，可以深入研究一下 Kafka：它的数据是如何存储、分片和复制的？它是如何保证高可用性和数据一致性的？我们将会发现，Kafka 与之前讲过的那些分布式存储系统，并没有太大的区别。唯一的区别就是，其查询语言（生产和消费消息）和存储引擎的数据结构（Commit Log）比一般的存储系统要简单很多。也正是因为这个原因，Kafka 的读写性能要远远好于其他存储系统。Kafka 官方对自己的定位也是“分布式流数据平台”，而不只是一个消息队列。

Kafka 能够提供“无限”的消息堆积能力，具有超高的吞吐量，可以满足存储原始数据的大部分要求。写入点击流数据的时候，每个原始数据的采集服务都将作为一个生产者，直接把数据发给 Kafka 就可以了。下游的计算任务，既可以作为消费者订阅消息，也可以按照时间或位点来读取数据。除此之外，Kafka 作为事实标准，与大部分大数据生态圈的开源软件都有非常好的兼容性和集成度，像 Flink、Spark 之类的大多数计算平台，都提供了直接接入 Kafka 的插件。

当然，Kafka 也不是万能的，大家可能已经注意到了，上文提到 Kafka 能够提供“无限”的消息堆积能力时，“无限”上是打了引号的，这就意味着，其中还是有一些限制是需要特别注意的。Kafka 也支持数据分片，数据分片的概念在 Kafka 中称为“ Partition”，每个分片都可以分布到不同的存储节点上。

写入数据的时候，数据可以均匀地写到这些分片上。理论上只要分片足够多，存储容量就可以是“无限”的。但是，单个分片总要落到某一个节点上，而单节点的存储容量毕竟是有限的，随着时间的推移，单个分片总有写满的时候。

即使 Kafka 支持扩容分片数量，也无法像其他分布式存储系统那样重新分配数据，把已有分片上的数据迁移一部分到新的分片上。所以扩容分片也解决不了已有分片写满的问题。由于 Kafka 不支持按照时间维度进行分片，因此，受制于单节点的存储容量，Kafka 实际能够存储的数据容量并不是无限的。

### 15.1.2 使用 HDFS 存储更大规模的数据

综上所述，如果是需要长时间（几个月到几年）保存的海量数据，就不适合用 Kafka 来存储了。对于需要长时间保存的情况，只能退而求其次，使用第二种方案了。

第二种方案是，使用 HDFS 来存储。使用 HDFS 存储数据也很简单，就是把原始数据写成多个文本文件，保存到 HDFS 中。我们需要根据时间和业务属性来组织目录结构和文件名，以便于下游计算程序来读取。比如，“click/20200808/Beijing_0001.csv”，代表该文件是 2020 年 8 月 8 日，从北京地区用户收集到的点击流数据，而且其是当天的第一个文件。

对于保存海量的原始数据这个特定的场景，HDFS 的吞吐量是远不如

Kafka 的。如果平均到每个节点上，根据计算，Kafka 的吞吐能力很容易就能达到将近 1GB/s，而 HDFS 只能达到 100MB/s 左右。这就意味着，要想达到相同的吞吐能力，相较于使用 Kafka，使用 HDFS 需要多用几倍的服务器数量。

不过，HDFS 也有其自身的优势。第一个优势就是，HDFS 能够提供真正无限的存储容量，如果存储空间不够了，水平扩容就可以解决。另外一个优势是，相较于 Kafka，HDFS 能够提供更强的数据查询能力。Kafka 只能按照时间或位点来提取数据，而 HDFS 只需要配合 Hive，就可以直接支持用 SQL 对数据进行查询，虽然查询性能比较差，但查询能力要比 Kafka 强大很多。

由于以上两种方案都有其各自的优势和不足，因此在实际生产中，二者都有不少的应用，大家可以根据业务的实际情况来选择。那么，有没有一种能够兼顾这二者优势的方案呢？最好能做到，既有超高的吞吐能力，又能无限扩容，同时还能提供更好的查询能力，有这样完美的方案吗？

我个人的判断是，虽然目前还没有可用于大规模生产的、成熟的解决方案，但未来应该会有的。目前已经有一些开源项目，正在致力于解决这方面的问题，大家可以关注一下。

一类是分布式流数据存储，比较活跃的项目有 Pravega 和 Pulsar 的存储引擎 Apache BookKeeper。我所在的团队也一直在探索这个方向，我们的流数据存储项目 JournalKeeper 也已开源，欢迎大家关注和参与。这些分布式流数据存储系统，走的是类似于 Kafka 这种流存储的路线，在高吞吐量的基础上，提供真正的无限扩容能力，以及更好的查询能力。

还有一类是时序数据库（Time Series Databases），比较活跃的项目有 InfluxDB 和 OpenTSDB 等。这些时序数据库，不仅具有非常好的读写性能，还能提供简便的查询和聚合数据的能力。但是，它们并不能存储所有类型的数据，而是专用于存储类似于监控之类的有时间特征，并且数据内容都是数值的数据。如果你有存储海量监控数据的需求，那么建议你关注一下这些项目。

### 15.1.3 小结

在互联网行业，点击流、监控和日志这几类数据，是海量数据中的海量数据。对于这类海量数据，一般的处理方式都是先存储再计算，将计算结果保存到特定的数据库中，供业务系统查询。

所以，对于海量原始数据的存储系统，我们的要求是超高的写入和读取性能，以及近乎无限的容量，对于数据的查询能力则要求不高。在生产上，我们可以选择 Kafka 或 HDFS，Kafka 的优点是读写性能更好，单节点能够支持更高的吞吐量。而 HDFS 则能提供真正无限的存储容量，并且对查询更友好。

未来会有一些开源的流数据存储系统和时序数据库逐步成熟，并陆续应用到生产系统中，我们可以持续关注这些项目。

### 15.1.4 思考题

请思考，为什么 Kafka 的吞吐能力能达到 HDFS 的好几倍，技术上的根本原因是什么？

## 15.2 面对海量数据，如何才能查得更快

本节将接着前面的话题，进一步讨论海量数据的处理。15.1 节讨论如何保存海量的原始数据，因为原始数据的数据量实在是太大了，能够存储下来已属不易，这个数据量是无法直接提供给业务系统进行查询和分析的。其中有两个方面的原因，一是数据量太大了，二是目前没有很好的数据结构和查询能力可以支持业务系统的查询。

所以，目前的一般做法是，通过流计算或批计算（也就是 MapReduce）对原始数据进行一次或多次过滤、汇聚和计算的处理，然后把计算结果保存到另外一个存储系统中，由该存储系统为业务系统提供查询支持。

有的业务计算后的数据变得非常少，比如，一些按天进行汇总的数据，或者排行榜类的数据，无论使用哪种存储，都能满足要求。还有一些业务，无法通过事先计算的方式解决所有的问题。原始数据经过计算后得到的计算结果，数据量相比原始数据会减少一些，比如，像点击流、监控和日志之类的原始数据，就属于“海量数据中的海量数据”，这些原始数据经过过滤汇总和计算之后，在大多数情况下，数据量会出现数量级的下降，比如，从 TB 级别的数据量，下降到 GB 级别，但仍然属于海量数据。除此之外，我们还要对这个海量数据，提供性能可以接受的查询服务。

本节就来讨论，面对这种数量级的海量数据，如何才能让查询变得更快一些？

### 15.2.1 常用的分析类系统应该如何选择存储

查询海量数据的系统，大多是离线分析类系统，可以简单地将其理解为类似于做报表的系统，也就是那些主要功能是对数据做统计分析的系统。这类系统大多是重度依赖于存储的。选择什么样的存储系统、使用什么样的数据结构来存储数据，将直接决定数据查询、聚合和分析的性能。

分析类系统对存储的需求一般包含如下四点。

1）用于分析的数据量一般会比在线业务的数据量高出几个数量级，这就要求存储系统能够保存海量数据。

2）并且还要能在海量数据上快速进行聚合、分析和查询的操作。注意，这里所说的“快速”，前提是处理 GB、TB 甚至 PB 级别的海量数据，在这么大的数据量上做分析，几十秒甚至几分钟都算是快速的了，这一点与在线业务要求的毫秒级速度是不一样的。

3）由于在大多数情况下，数据都是异步写入，因此系统对于写入性能和响应时延，要求一般不高。

4）由于分析类系统不用直接支撑前端业务，因此也不要求高并发。

接下来我们看一下，可供选择的存储产品有哪些。如果系统的数据量在GB量级以下，那么MySQL依然是可以考虑的，因为它的查询能力足以应付大部分分析系统的业务需求。而且可以与在线业务系统合用一个数据库，不用做ETL（数据抽取），更简便而且实时性更好。这里还需要注意的一点是，最好能为分析系统配置单独的MySQL实例，以避免影响在线业务。

如果数据量级已经超过了MySQL的极限，则还可以选择一些列式数据库，比如HBase、Cassandra、ClickHouse等。这些产品对海量数据，都有非常好的查询性能，在正确使用的前提下，10GB量级的数据查询基本上可以做到秒级返回。不过，高性能的代价是功能上的缩水，这些数据库对数据的组织方式会有一些限制，在查询方式上也没有MySQL那么灵活。大多需要你非常了解这些产品的特性，同时还要按照预定的规则使用，这样才能达到预期的性能。

另外一个值得考虑的选择是Elasticsearch（以下简称ES），ES本来是一个为了搜索而生的存储产品，但是其也支持结构化数据的存储和查询。由于ES的数据都存储在内存中，并且其也支持类似于MapReduce方式的分布式并行查询，因此其在海量结构化数据查询方面的性能也非常好。最重要的是，ES对数据组织方式和查询方式的限制，不像其他列式数据库那么死板。也就是说，ES的查询能力和灵活性是要强于上述这些列式数据库的。因此在这个级别的几个选手中，强烈建议大家优先考虑ES。不过，ES也有一个缺点，那就是需要具有大内存的服务器，硬件成本比较高。

当数据量级超过TB级的时候，对这么大量级的数据做统计分析，无论使用哪种存储系统，速度都快不了。这里的性能瓶颈主要在于磁盘I/O和网络带宽的速度。这种情况下肯定做不了实时的查询和分析，这里可以采用的解决方案是，定期对数据进行聚合和计算，然后把结果保存起来，在需要时再对结果进行二次查询。这么大量级的数据，一般是选择存储在HDFS中，配合MapReduce、Spark、Hive等大数据生态圈产品，对数据进行聚合和计算。

### 15.2.2 转变思想：根据查询选择存储系统

面对海量数据，仅根据数据量级来选择存储系统是远远不够的。

经常有人问："我的系统每天产生的数据量有几 GB 之多，现在基本上已经慢得无法查询了，应该换个什么样的数据库才能解决这个问题呢？"答案是，很遗憾，换任何数据库也解决不了这个问题。为什么这么说呢？

因为在过去几十年的时间里，存储技术和分布式技术，在基础理论方面并没有本质上的突破。技术发展更多的是体现在应用层面上，比如，集群管理更加简单，查询更加自动化，像 MapReduce 之类的产品就是如此。不同的存储系统之间，并没有本质的差异。它们的区别只在于，存储引擎的数据结构、存储集群的构建方式，以及提供的查询能力等这些方面的差异。这些差异，使得不同的存储系统，只有在它所擅长的那些领域或场景下，才会有很好的性能表现。

比如，最近比较流行的 RocksDB 和 LevelDB，它们的存储结构 LSM-Tree，其实就是日志和跳表的组合，单从数据结构的时间复杂度上来说，相较于"老家伙"MySQL 所采用的 B+ 树，LSM-Tree 并没有本质上的提升，它们的时间复杂度都是 $O(\log n)$。但是，LSM-Tree 在某些情况下，利用日志能有更好的写性能表现。也就是说，没有哪种存储能在所有情况下，都具有明显的性能优势，所以说，存储系统没有银弹，不要指望简单地更换一种数据库，就可以解决数据量大、查询慢的问题。

不过，在特定的场景下，通过一些优化方法，把查询性能提升几十倍甚至几百倍，这一点还是有可能的。这里有个很重要的思想就是，根据查询来选择存储系统和数据结构。第 7 章所讲的使用 Elasticsearch 构建商品搜索系统，就是把这个思想实践得很好的一个例子。ES 采用的倒排索引的数据结构，并没有比 MySQL 的 B+ 树更快，或者说更先进，但是面对"全文搜索"这个查询需求，相较于使用其他的存储系统和数据结构，使用 ES 的倒排索引，在性能上能高出几十倍。

再举个例子，京东的物流速度是非常快的。经常会出现这样的情况，一件昂贵的衣服，下单之后还没来得及后悔就已经送到了。京东的物流之所以能够做到这么快，有一个很重要的原因，那就是它有一套智能的补货系统。根据历史的物流数据，对未来的趋势做出预测，来为全国的每个仓库补货。这样京东就可以做到，用户下单购买的商品，有很大概率就在离用户几公里远的那个京东仓库里，这样自然就能很快送达了。这个系统在后台需要分析每天几亿条的物流数据，每条物流数据又细分为几段到几十段，因此每天的物流数据就是几十亿的量级。

这份物流数据的用途非常大，比如，智能补货系统要用；运力调度的系统也要用；评价每个站点、每个快递小哥的时效达成情况要用；物流规划人员同样也要用这个数据进行分析，并对物流网络做持续优化。

那么，采用什么样的存储系统来保存这些物流数据，才能满足这些查询的需求呢？显然，任何一种存储系统，都无法满足这么多种查询的需求。我们需要根据每种需求的具体情况，专门为其选择适合的存储系统，定义适合的数据结构，解决各自的问题。而不是用一种数据结构及一个数据库去解决所有的问题。

对于智能补货和运力调度这两个系统，由于它们具有很强的区域性，因此我们可以把数据按照区域（省或地市）做分片，再汇总成一份全国的跨区域物流数据，这样绝大部分查询都可以落在一个分片上，查询性能就会很好。

对于站点和快递人员的时效达成情况，由于这种业务的查询方式大多以点查询为主，因此可以考虑在计算的时候，事先按照站点和快递人员把数据汇总好，存放到一些分布式KV存储中，基本上就可以达到毫秒级查询的性能。而对于物流规划的查询需求，查询方式是多变的，可以把数据放到Hive表中，按照时间进行分片。之前曾提到过，按照时间进行分片，对查询来说是最友好的分片方式。物流规划人员可以在上面执行一些分析类的查询任务，一个查询任务即使是花上数小时的时间，用于验证一个新的规划算法，也是可以接受的。

### 15.2.3 小结

海量数据的主要用途就是支撑离线分析类业务的查询，根据数据量规模的不同，可以选择的存储系统由小到大依次排序为：关系型数据库、列式数据库和一些大数据存储系统。对于TB量级以下的数据，如果可以接受相对比较高的硬件成本，那么ES将是一个不错的选择。

对于海量数据来说，选择存储系统没有银弹，重要的是我们要学会转变思想，根据业务对数据的查询方式，反推数据应该使用什么样的存储系统、应如何分片，以及如何组织数据结构。即使是同一份数据，也要根据不同的查询需求，组织成不同的数据结构，存放在适合的存储系统中，只有这样才能在每种业务中都达到理想的查询性能。

### 15.2.4 思考题

如果我们要做一个日志系统，收集全公司所有系统的全量程序日志，为开发人员和运维人员提供日志的查询和分析服务，那么，请思考，应该选择用什么样的存储系统来存储这些日志？为什么？

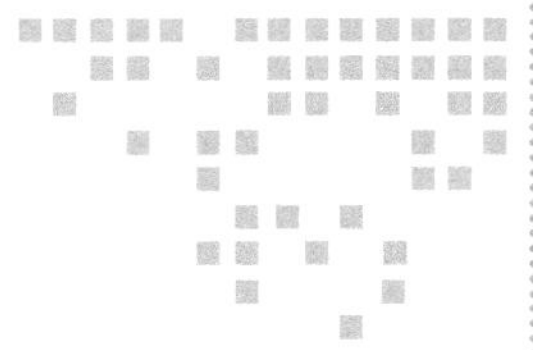

第 16 章 Chapter 16

# 存储系统的技术选型

序言中曾提到过，存储系统的一个特点是繁杂，可供选择的产品非常多。排除那些小众或目前还不太成熟的产品，真正广泛应用于生产系统的、可供选择的存储系统，仍然非常多。每种存储产品都有其擅长之处，有其适用的业务场景，当然也有各自的短板。

如果所选择的存储系统不能很好地匹配业务，那么不仅是开发的时候会很别扭、不顺畅，数据量稍大时，还可能会出现性能严重下降的问题，甚至出现存储慢到卡死以致不可用的情况。反过来，如果选择的是合适的存储系统，就会让你在构建和运营系统的时候感觉顺畅很多。

选择什么样的存储系统来保存数据，对系统的性能和稳定性来说都是非常重要的。那么，我们应该如何根据业务的特点，选择合适的存储来构建系统呢？通过之前章节的学习，相信大家或多或少已经有了一些经验。接下来，我们把全书相关的内容做一个提炼，总结一下，如何做存储系统的技术选型。

## 16.1 技术选型时应该考虑哪些因素

我们需要根据业务的特点来选择合适的存储系统，那么，是否有一些具体的、可操作的方法，可以提供给缺乏经验的开发人员做参照呢？肯定是有的，下面是我从多年的实战中总结出来的经验，在此分享给大家。

首先，需要确定的是：系统是一个在线业务系统，还是一个分析系统？这两种系统对应着两个术语，在线业务系统对应的术语是 OLTP（On-line Transaction Processing，在线事务处理），分析系统对应的术语是 OLAP（Off-line Analytical Processing，离线分析处理）。由于这两种不同类型的系统对存储系统的要求完全不一样，因此在做存储技术选型的时候，需要先确定到底是哪种系统。这里不会详细讲解 OLTP 和 OLAP 这两个术语的概念和定义，只要理解两者的业务特点及它们之间的区别即可。这也是本节将要重点讲解的内容。

现实情况是，大部分系统很难明确地归类为在线业务系统或是分析系统。比如，电商系统既包括在线业务部分，又要满足做报表分析的需求，像这种情况又该如何划分呢？答案是主要取决于系统的规模，如果系统的规模不大，那么我们需要确认的是，系统的主要业务是在线业务还是分析业务，然后以这个主要业务作为划分的依据。比如，我们这个创业公司的电商系统，其主要业务一定是在线交易部分，那就按照在线业务系统来处理。如果系统的规模足够大，那就把系统划分为在线业务系统和分析系统两个部分，每个部分分别选择合适的存储，当然这样的架构成本会比较高，只有规模足够大才值得这样拆分。

第二个需要考量的维度是数据量，系统需要处理的数据在什么量级？这里的数据量不需要特别精确，能估计到量级就可以了。在估算系统数据量级的时候，需要考虑存量数据和增量数据两个部分，简单地说就是，现在有多少数据，未来还会新增多少数据。在估计系统数据量的时候，不必对未来做过多的预留，一般来说按照未来两年，最多三年来估计就足够了。

不用担心因为预估不足，而无法支撑两年之后业务的问题。从经验上来讲，很少有新系统在上线之后两三年内，业务没有发生重大改变的。既然系统在不到两三年的时间内就要进行重构，那么存储只需要在重构时，也跟着进行相应的调整即可。退一步来讲，即使系统在两三年内没有进行重构，那么之前预估的两三年的数据量再撑个三四年问题也不大。因为大部分人在对未来业务和数据量做预估的时候，往往都会过于乐观。也就是说，两年后系统的实际数据量大概率要远少于两年前预估的数据量。

那么，我们考量系统的数据量，就是系统现在的数据存量加上未来二到三年的数据量。然后再来看一下，我们预估的数据量级在下面哪个范围内。

1）1GB 以下量级，或者数据的条数在千万以下。对于这个量级内的数据来说，几乎所有的存储产品其性能都还不错，因此不需要过多考虑数据量和性能，重点考虑其他维度即可。

2）1GB 以上、10GB 以下量级，或者数据的条数在一亿以内。这个量级基本上是单机存储系统能够处理的上限，对于这个量级，很多存储系统都会出现性能严重下降的问题。

3）超过 10GB 量级，或者数据的条数超过一亿。这个量级的数据必须使用分布式存储，只有将数据分片，才能获得可以接受的性能。

第三个需要考虑的维度，非常重要，但也最容易被忽略，那就是总体拥有成本（Total Cost of Ownership，TOC）。总体拥有成本是指，选择该存储产品，所需要付出的成本。虽然现在大部分存储系统都是开源免费的，但是无论使用哪一款产品，都是有成本的。成本主要来自如下三个方面。

第一，也是最重要的，团队是否熟悉该产品？如果不熟悉，则意味着使用过程中可能要踩坑，然后填坑。踩坑和填坑的代价可能是系统宕机、丢数据，或者开发进度延期。

第二，需要考虑该产品是否简单，易于学习和使用，比如，Redis 就是易于使用的典范。

第三，需要考虑系统上线后的运维成本，比如，Hadoop 生态的一系列产品，维护工作相对来说就比较困难，要想让它们持续正常地运转，一般都需要一个有经验的运维人员专门负责维护。

上面所说的这些都是隐性成本。

下面就来讲解在线业务系统和分析系统具体应该选择什么样的存储产品。

## 16.2 在线业务系统如何选择存储产品

首先来看一下在线业务系统如何选择存储产品。在线业务系统是指为在线业务提供服务的系统，比如，电商系统的交易部分，或者手机上使用的绝大多数 App，直接支撑这些 App 的后端系统，都是在线业务系统。通俗地说就是，那些主要对数据库执行增删改查操作的系统，都是在线业务系统。

那么，在线业务系统对存储产品有什么样的要求呢？

1）由于需要频繁地对数据进行增删改的操作，因此存储产品需要有较好的写性能。

2）由于在线业务直接服务于前端，需要快速响应，因此每次存储访问必须要快，至少要达到毫秒级的响应。

3）另外，存储产品需要能够支撑足够多的并发请求，以满足大量用户同时访问的需求。

4）最后，很重要的一点是，由于在线业务系统的需求一直都在不停地变化，因此存储产品需要能够提供相对比较强大的查询能力，以便应对频繁变化的需求。否则，一旦业务需求稍微有一点儿变动，存储结构就不得不随之做出调整，这样的代价实在是太高了。

那么，哪些存储产品可以满足上面列出的这些需求，支撑在线业务呢？答案是，很遗憾，没有。

如果把要求放宽一点儿，最接近上述要求的就是我们最常用的，以 MySQL 为代表的关系型数据库。关系型数据库也称为 RDBMS，除了我们常用的 MySQL 之外，Oracle、DB2、SQL Server，以及各大云厂商提供的 RDS 等，都是关系型数据库。

由于各关系型数据库产品的存储结构和实现原理都是类似的，因此它们在功能和性能等方面的差别并不大，是可以相互替代的。MySQL 的特点是支持 SQL，在所有的存储产品中，具有最强大的查询能力。在数据量和并发都不大的前提条件下，能提供较好的读写性能。

此外，一些 KV 存储也可以用于在线业务，比如，Redis、Memcached，等等。Redis 这种基于内存的存储，具有非常好的读写性能，能提供有限的查询功能，但是其并不能保证数据的可靠性，一般来说，Redis 都是配合 MySQL 数据库作为缓存来使用。所以，目前绝大多数的在线业务，仍然使用的是 MySQL（或者其他关系型数据库）加 Redis 这对经典组合，暂时还没有更好的选择。

还有一些存储产品也可以用于在线业务，但大多数局限于特定的业务场景中，不具备通用性，比如，用于存储文档型数据的 MongoDB，等等。

## 16.3　分析系统如何选择存储产品

关于分析系统应该如何选择存储产品，15.2.1 节中已有详细讲述，这里就不再赘述了。

## 16.4　小结

在线业务系统需要存储产品能够支持高性能写入、毫秒级响应，以及高并发。MySQL 加 Redis 的经典组合可以应对大部分的场景需求。而分析系统则需要存储产品能够保存海量数据，并且能够支持在海量数据上快速聚合、分析和查询，而对写入性能、响应时延和并发的要求并不高。量级在 GB 以内的数据，仍然可以使用 MySQL；量级超过 GB 的数据，如果还是需要做实时的分析和查询，则可以优先考虑ES，Hbase、Cassandra和ClickHouse这些列式数据库也可以视情况选择。量级超过TB的数据，一般只能事先对数据做聚合计算，然后再在聚合计算的结果上进行实时查询，这种情况下，一般选择把数据保存在HDFS中。

## 16.5 思考题

请思考，一个电商企业在创业阶段、高速增长阶段和成长为一个大型电商企业之后，分别应该选择什么样的存储技术？

第四篇 Part 4

# 技术展望

- 第17章 使用NewSQL解决高可用和分片难题
- 第18章 RocksDB：不丢数据的高性能KV存储

本书之前的内容，都是围绕着如何解决生产系统中面临的存储系统问题而展开的。本书的最后一篇就来介绍一些技术展望方面的内容，看一下在存储技术领域有哪些新技术值得我们关注，因为这些技术可能是未来的发展趋势。毕竟，不断创新是技术发展的原动力。

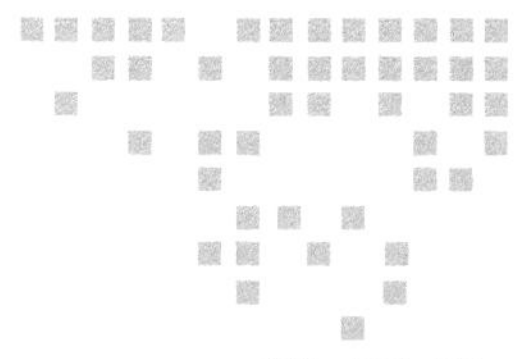

第 17 章 Chapter 17

# 使用 NewSQL 解决高可用和分片难题

技术圈每天都会出现很多新的技术和开源项目，同时伴有大量论文的发表，不过，其中具有发展前景的技术并不多。本章将要介绍的 NewSQL，个人认为其具有很大的发展潜力，未来 NewSQL 甚至有可能会取代 MySQL 这样的关系型数据库。MySQL 几乎是每个后端开发人员必须精通的数据库，由于 NewSQL 很有可能会在将来替代 MySQL，因此我们有必要提前了解一下。

## 17.1 什么是 NewSQL

什么是 NewSQL？要想解释清楚这个概念，还得从回顾存储技术的发展历史开始。早期，存储技术只有像 MySQL 这样的关系型数据库，这种关系型数据库因为支持 SQL，后来被称为 SQL 或 OldSQL。

后续又出现了 Redis 和大量 KV 存储系统，性能都远高于 MySQL，而且因为存储结构简单，所以比较容易组成分布式集群，并且能够实现水平扩容，具备高可靠性和高可用性。这些 KV 存储由于不支持 SQL，因此被统称为 NoSQL 以示区分。

NoSQL 本来有望凭借其高性能和集群的优势替代 OldSQL，但多年的实践习惯使得用户更看重 SQL 强大的查询能力和 ACID 事务支持特性。所以直到今天，OldSQL 还是生产系统中最主流的数据库。

由此大家也明白了，无论 OldSQL 在其他方面比 NoSQL 差多少，SQL 和 ACID 都是刚需，必须保留。如果产品不支持 SQL，就不会有市场。因此，近几年很多之前不支持 SQL 的数据库，都开始支持 SQL 了。甚至于像 Spark、Flink 这样的流计算平台，也开始支持 SQL。当然，虽然都是支持 SQL，但各个产品对 SQL 的支持程度是参差不齐的，多少都有一些“缩水”。尤其是对于 ACID 的支持，基本上就等同于没有。

在这种背景下，NewSQL 应运而生！简单地说，NewSQL 兼顾了 OldSQL 和 NoSQL 的如下优点。

- NewSQL 完整地支持 SQL 和 ACID，提供了能与 OldSQL 隔离级别相当的事务能力。
- 具有高性能、高可靠、高可用等特性，支持水平扩容。

像 Google 的 Cloud Spanner、国产的 OceanBase，以及开源的 CockroachDB 等，都属于 NewSQL 数据库。由于 Cockroach 这个单词在英文中本来是蟑螂的意思，因此我们一般把 CockroachDB 称为“小强数据库”。

为什么 NewSQL 能够实现 OldSQL 和 NoSQL 都无法实现的这些特性呢？下面就以开源的 CockroachDB 为例，来分析 NewSQL 是不是真的这么优秀。

## 17.2 CockroachDB 如何实现数据分片和弹性扩容

首先，我们一起简单了解一下 CockroachDB 的架构，并从架构层面分析一下，它是不是真的像宣传得那么强大。CockroachDB 的架构图如图 17-1 所示（图片来自 CockroachDB 的官方文档，地址为 https://github.com/cockroachdb/cockroach/blob/master/docs/design.md）。

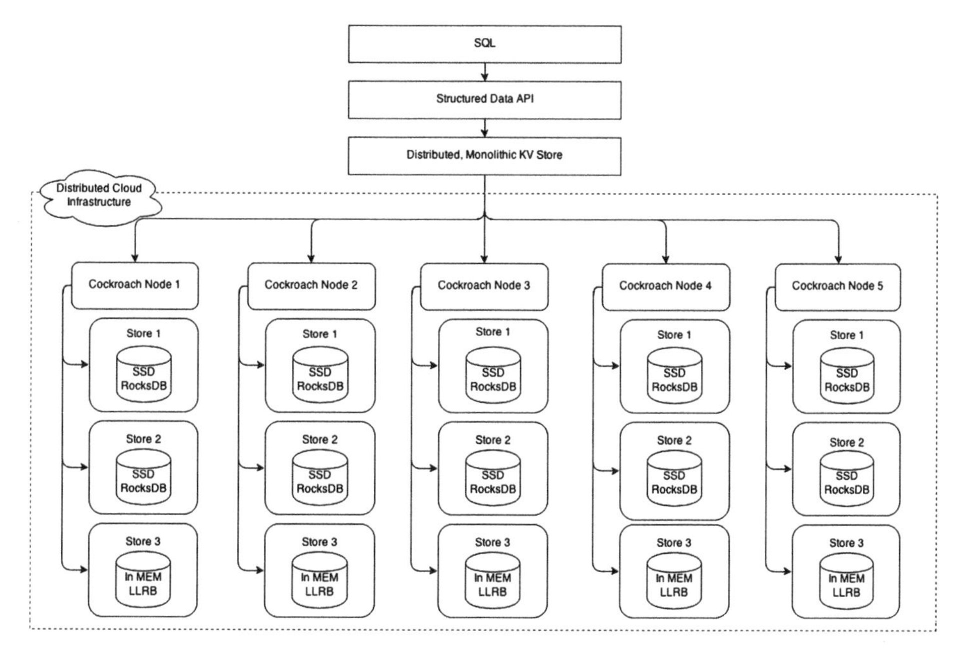


图 17-1　CockroachDB 架构图

图 17-1 所示的架构是一个非常典型的分层架构，从上往下看，最上层是 SQL 层，SQL 层支持与关系型数据库类似的逻辑数据结构，比如，库、表、行和列这些逻辑概念。SQL 层向下调用的是一个抽象的接口层，即结构化数据（Structured Data）API，实现这个 API 的实际上是下面一层，即分布式的 KV 存储系统（Distributed，Monolithic KV Store）。

我们暂且不去深入探讨其中的细节，而是从宏观层面上分析一下 CockroachDB 的架构。可以看到，这个架构仍然是前文讲过的大部分数据库都在采用的二层架构，这二层架构指执行器和存储引擎。它的 SQL 层就是执行器，下面的分布式 KV 存储集群就是它的存储引擎。

MySQL 的存储引擎 InnoDB，实际上是基于文件系统的 B+ 树，像 Hive 和 HBase，它们的存储引擎都是基于 HDFS 构建的。那么，CockroachDB 这种使用分布式 KV 存储来作为存储引擎的设计，在理论上也是可行的，并没有什么特别难以突破的技术壁垒。

除此之外，使用分布式 KV 存储作为存储引擎，能够更好地实现高性能、高可靠、高可用，支持水平扩容等特性，而且很多分布式 KV 存储系统已经实现了这些特性。这里面使用的一些技术和方法，前文中大多都有讲解。CockroachDB 在实现自己的存储引擎这一层，就是大量地借鉴，甚至是直接使用一些已有的技术。

CockroachDB 的分片算法采用的是范围分片，前文中曾提到过，范围分片对查询是最友好的，其可以很好地支持范围扫描之类的操作，这样也有利于它支撑上层的 SQL 查询。

CockroachDB 采用 Raft 一致性协议来实现每个分片的高可靠、高可用和强一致等特性。其中，Raft 协议的一个理论基础就是之前讲过的复制状态机，并且它会在复制状态机的基础上，通过实现集群的自我监控和自我选举来解决高可用的问题。同时，Raft 也是一个应用广泛的、非常成熟的一致性协议，比如，etcd 就是基于 Raft 来实现的。

CockroachDB 的元数据直接分布在所有的存储节点上，依靠流言协议来传播，关于流言协议，第 12 章中曾讲解过，Redis 集群也是用流言协议来传播元数据变化的。

CockroachDB 利用上述这些成熟的技术解决了集群问题，在单机的存储引擎上，更是直接使用了 RocksDB 作为其 KV 存储引擎。RocksDB 也是值得大家关注的一个新的存储系统，第 18 章将专门讲解 RocksDB 的相关知识。

由上文可知，CockroachDB 的存储引擎，即它的分布式 KV 存储集群，基本上没有什么大的创新，就是重用了一些已有的成熟技术，这些技术在前文讲解其他存储系统时已全部接触过。当然，这并不是要贬低 CockroachDB 的意思，相反，站在巨人的肩膀上，才能看得更远，飞得更高，这是一种非常务实的做法。

## 17.3 CockroachDB 能提供金融级的事务隔离性吗

接下来我们探讨 CockroachDB 是如何实现 ACID 的，它的 ACID 是不是类似于分布式事务的残血版？这是一个非常关键的问题，将直接影响到它有没有可能在未来取代 MySQL。

在探讨 ACID 之前，我们需要先简单了解一下 CockroachDB 是如何解析和执行 SQL 的。第 9 章中讲过 SQL 在 MySQL 中是如何执行的。在 CockroachDB 中，SQL 的执行流程同样也是如此，即先解析 SQL 生成语法树，转换成逻辑执行计划，再转换成物理执行计划，优化后，执行物理执行计划并返回查询结果。

只是在 CockroachDB 中，物理执行计划会更加复杂，因为它的物理执行计划面对的是一个分布式 KV 存储系统，在执行查找、聚合这类操作的时候，有可能需要涉及多个分片（Range）。大致过程有些类似于 MapReduce 的逻辑，即先查找元数据确定可能涉及的分片，然后把物理执行计划转换成每个分片上的物理执行计划，在每个分片上并行执行，最后，再对这些执行结果进行汇总。

现在我们再来探讨 CockroachDB 是如何实现 ACID 的。第 5 章曾讲到过四种事务隔离级别，分别是 RU、RC、RR 和 SERIALIZABLE，那么 CockroachDB 提供的是哪种隔离级别呢？答案是，以上四种都不是。

CockroachDB 提供了另外两种隔离级别，分别是：Snapshot Isolation（SI，快照）和 Serializable Snapshot Isolation（SSI，串行快照），其中，SSI 是 CockroachDB 默认的隔离级别。

这两种隔离级别与之前提到的四种隔离级别是什么关系呢？表 17-1 展示了 CockroachDB 的隔离级别 SI 和 SSI 与 MySQL 默认的隔离级别 RR 的对比情况。

表 17-1　CockroachDB 与 MySQL 隔离级别对比

| 隔离级别 | 脏读（DR, Dirty Read） | 不可重复读（NR, NonRepeatable Read） | 幻读（PR, Phantom Read） | 写倾斜（Write Skew） |
|---|---|---|---|---|
| 可重复读（RR, Repeatable Read） | N | N | Y | N |

（续）

| 隔离级别 | 脏读（DR, Dirty Read） | 不可重复读（NR, NonRepeatable Read） | 幻读（PR, Phantom Read） | 写倾斜（Write Skew） |
|---|---|---|---|---|
| 快照（SI，Snapshot Isolation） | N | N | N | Y |
| 串行快照（SSI，Serializable Snapshot Isolation） | N | N | N | N |

首先，我们看一下隔离级别 SI 这一行，SI 不会出现脏读、不可重复读，以及幻读的情况，这个隔离级别似乎比 RR 还要好。但需要注意的是，表 17-1 比表 5-2 多了一列：写倾斜。可以看到，RR 是不会出现写倾斜问题的，但是 SI 存在写倾斜问题。

什么是写倾斜？下面还是以账户余额为例来说明。比如，我们的账户需要支持主卡和副卡，主卡和副卡中分别有各自的余额，并且二者的余额是可以透支的，只要满足主、副卡的余额之和大于 0 即可。在事务中执行更新余额的 SQL 语句，代码如下：

```
update account
set balance = balance - 100 -- 从主卡中扣减 100 元。
where id = ? and
    (select balance from account where id = ?) -- 主卡余额。
    +
    (select balance from account where id = ?) -- 副卡余额。
    >= 100; -- 主、副卡余额之和必须大于 100 元。
```

由于传统的 RR 隔离级别会对记录加锁，因此即使是更新主、副卡的两个 SQL 语句分别在两个事务中并发执行，也不会出现把主、副卡的余额之和扣减成负数的情况。

但是，在 SI 隔离级别下，由于它没有对记录加锁，而是采用快照的方式来实现事务的隔离，因此此时如果是并发地更新主、副卡的余额，则有可能会出现把主、副卡余额之和扣减为负数的情况。这种情况称为写倾斜。这里顺便提一句，写倾斜是普遍的译法，笔者个人觉得“倾斜”这个词翻译得并不准确，实际上它想要表达的是，因为没有检测读写冲突，也没有加锁，导致数据写错了。

SSI 隔离级别在 SI 的基础上，加入了冲突检测的机制。冲突检测机制一旦检测到读写冲突，就会以回滚事务的方式来解决写倾斜的问题，当然，这种方式付出的代价是性能降低，并且在冲突严重的情况下，会频繁地出现事务回滚的问题。

从理论上来说，CockroachDB 支持的 SI 和 SSI 这两种事务隔离级别，能够提供的事务隔离性，已经与传统的 RC 和 RR 隔离级别不相上下了，可以满足大多数在线交易类系统对 ACID 的要求。

## 17.4　小结

NewSQL 是新一代的分布式数据库，它具备原生分布式存储系统高性能、高可靠、高可用和弹性扩容的能力，同时还兼顾了传统关系型数据库支持 SQL 的特性。更厉害的是，它还能提供与传统关系型数据库不相上下的真正的事务支持，具备支撑在线交易类业务的能力。

CockroachDB 是开源的 NewSQL 数据库。它的存储引擎是一个分布式 KV 存储集群，执行器大量借鉴了 PostgreSQL 的一些设计和实现，是一个集众多现有数据库和分布式存储系统技术于一身的数据库产品。

从设计上来看，CockroachDB 这类 NewSQL 数据库，具有非常大的潜质，可以真正地取代 MySQL 这类传统的关系型数据库。尽管如此，我们也应该看到，目前这些 NewSQL 数据库尚处于高速发展阶段，并没有被大规模应用到生产系统中。因此，并不建议在时机未熟之际，大家在重要的系统上使用 NewSQL 数据库。

## 17.5　思考题

请回顾 Raft 一致性协议，然后简单总结一下，CockroachDB 是如何利用 Raft 协议实现多个分片高可用、高可靠和强一致特性的。

Chapter 18 第 18 章

# RocksDB：不丢数据的高性能 KV 存储

第 17 章在讲解 CockroachDB 的时候曾提到过，CockroachDB 的存储引擎是一个分布式的 KV 存储集群，它采用了一系列成熟的技术来解决集群问题，但是在集群的各个节点上，还需要一个单机的 KV 存储引擎来保存这些数据，这里，CockroachDB 直接使用 RocksDB 作为它的 KV 存储引擎。

RocksDB 是 Facebook 开源的一个高性能、持久化的 KV 存储引擎。目前，你可能很少见到过哪个项目直接使用 RocksDB 来保存数据，未来它大概率也不会像 Redis 那样被业务系统直接使用。那么我们为什么还要关注它呢?

因为越来越多的新生代数据库，都不约而同地选择 RocksDB 作为它们的存储引擎。今后有可能我们使用的很多不同的数据库，都采用 RocksDB 作为存储引擎。

下面就来列举几个比较有代表性的例子。第 17 章讲到了 CockroachDB 使用 RocksDB 作为它的存储引擎。开源项目 MyRocks 使用 RocksDB 给 MySQL 做存储引擎，目的是取代现有的 InnoDB 存储引擎。并且，MySQL 的亲兄弟 MariaDB 也已经接纳了 MyRocks，作为它的存储引擎。还有大家经常使用的实时计算引擎 Flink，其 State 就是一个 KV 存储，它使用的也是 RocksDB。此外，包括 MongoDB、Cassandra 等在内的很多数据库，都在开发基于 RocksDB 的存储引擎。

接下来，我们一起了解一下 RocksDB 这颗“未来之星”。

## 18.1 同样是 KV 存储，RocksDB 有哪些不同

说到 KV 存储，我们最熟悉的就是 Redis 了。那么下面就来对比一下 RocksDB 和 Redis 这两个 KV 存储。其实 Redis 和 RocksDB 之间并没有可比性，一个是缓存，一个是数据库存储引擎，放在一起对比就好像是“关公战秦琼”一样。不过，本节把这两个 KV 放在一起对比，并不是为了比较谁强谁弱，而是用类比的方法帮助大家快速了解 RocksDB 的能力。

Redis 是一个内存数据库，它的性能非常好，主要原因是它的数据全都保存在内存中。从 Redis 官方网站提供的测试数据来看，它的随机读写性能大约为 50 万次 / 秒。而 RocksDB 相应的随机读写性能大约为 20 万次 / 秒，虽然其性能还不如 Redis，但是已经可以算是在同一个量级水平了。

这里需要特别注意的一个重大差异是，Redis 只是一个内存数据库，并不是一个可靠的存储引擎。在 Redis 中，数据写到内存中就算成功了，其并不能保证将数据安全地保存到磁盘上。而 RocksDB 则是一个持久化的 KV 存储引擎，它需要保证每条数据都已安全地写到磁盘上，这也是很多数据库产品的基本要求。这样一比，我们就能看出 RocksDB 的优势了，磁盘的读写性能与内存的读写性能本就相差了一两个数量级，读写磁盘的 RocksDB，能达到与读写内存的 Redis 相近的性能，这就是 RocksDB 的价值所在了。

RocksDB 为什么能在保证数据持久化的前提下，还拥有这么强的性能呢？前文中曾反复提到过，一个存储系统，其读写性能主要取决于它的存储结构，也就是数据是如何组织的。RocksDB 采用了一个非常复杂的数据存储结构，并且这个存储结构采用了内存和磁盘混合存储的方式，其正是

使用磁盘来保证数据的可靠存储的，并且会利用速度更快的内存来提升读写性能。或者说，RocksDB 的存储结构本身就自带了内存缓存。

虽然内存缓存可以很好地提升读性能，但是在写数据的时候，数据是必须要写入磁盘的。因为只有真正写到磁盘上，才能保证数据的持久化。那么，RocksDB 为什么能实现这么高的写入性能呢？答案还是因为它特殊的数据结构。

大多数存储系统，为了能够实现快速查找，都会采用树或哈希表之类的存储结构，数据在写入的时候，必须写到特定的位置上。比如，我们在向 B+ 树中写入一条数据时，必须按照 B+ 树的排序方式，写到某个固定的节点下面。哈希表也与之类似，必须要写到特定的哈希槽中。

这样的数据结构会导致在写入数据的时候，不得不先在磁盘的这里写一部分，再到那里写一部分，这样跳来跳去地写，即我们所说的“随机写”。而 RocksDB 的数据结构，可以保证写入磁盘的绝大多数操作都是顺序写入的。众所周知，无论是 SSD 还是 HDD，顺序写的性能都要远好于随机写，这就是 RocksDB 能够实现高性能写入的根本原因。

第 15 章中曾提到过，Kafka 所采用的也是顺序读写的方式，所以它的读写性能非常好。不过，凡事有利也有弊，这种数据基本上是没法查询的，因为数据没有结构，只能采用遍历的方式。那么，RocksDB 究竟采用了什么样的数据结构，在保证数据顺序写入的前提下，还能兼顾很好的查询性能呢？这种数据结构就是 LSM-Tree，下面就来详细讲解。

## 18.2 LSM-Tree 如何兼顾读写性能

LSM-Tree 的全称是 The Log-Structured Merge-Tree，是一种非常复杂的复合数据结构。它包含了 WAL（Write Ahead Log）、跳表（SkipList）和一个分层的有序表（Sorted String Table，SSTable）。图 18-1 所示的是 LSM-Tree 的结构图（图片来自论文“ An Efficient Design and Implementation of

LSM-Tree based Key-Value Store on Open-Channel SSD”）。

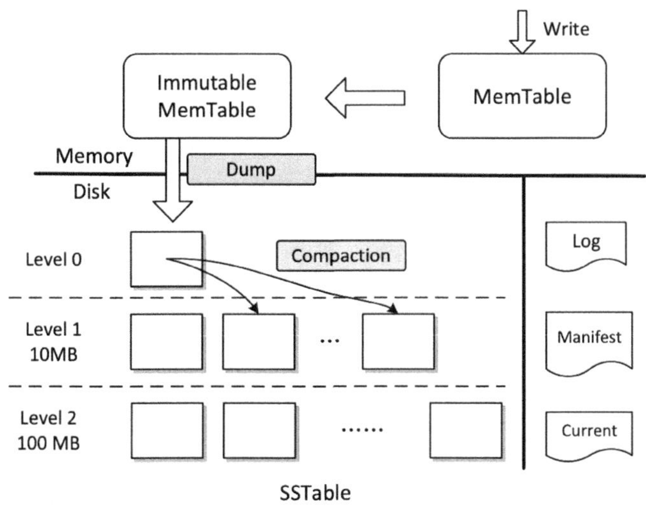


图 18-1　LSM-Tree 的结构图

图 18-1 看起来非常复杂吧？实际上，LSM-Tree 的结构比该图更复杂。因此下文会尽量忽略重要性不高的细节，致力于把它的核心原理讲清楚。

首先，需要注意的是，图 18-1 中有一个横向的实线，这是内存和磁盘的分界线，实线上面的部分是内存，下面的部分是磁盘。

我们首先来了解数据的写入过程。当 LSM-Tree 收到一个写请求时，比如“PUT foo bar”，即把 Key foo 的值设置为 bar，这条操作命令会被写入磁盘的 WAL 日志中（即图 18-1 中右侧的 Log），这是一个顺序写磁盘的操作，性能很好。这个日志的唯一作用就是从故障中恢复系统数据，一旦系统宕机，就可以根据日志把内存中还没有来得及写入磁盘的数据恢复出来。这里所用的还是前文中多次讲过的复制状态机理论。

写完日志之后，数据可靠性的问题就解决了。然后，数据会被写入内存的 MemTable 中，这个 MemTable 就是一个按照 Key 组织的跳表（SkipList），跳表的查找性能与平衡树类似，但实现起来更简单一些。写 MemTable 是一项内存操作，速度也非常快。数据写入 MemTable 之后，就可以返回写入成功的信息了。这里需要注意的一点是，LSM-Tree 在处理写入数据的过程中，会直接将 Key 写入 MemTable，而不会预先查看 MemTable 中是否已经存在该 Key。

不过，MemTable 不能无限制地写入内存，一是内存的容量毕竟有限，另外，MemTable 太大会导致读写性能下降。所以，MemTable 有一个固定的上限大小，一般是 32MB。MemTable 写满之后，就会转换成 Immutable（不可变的）MemTable，然后再创建一个空的 MemTable 继续写。这个 Immutable MemTable 是只读的 MemTable，它与 MemTable 的数据结构完全一样，唯一的区别就是不允许再写入了。

Immutable MemTable 也不能在内存中无限地占地方，而是会有一个后台线程，不停地把 Immutable MemTable 复制到磁盘文件中，然后释放内存空间。每个 Immutable MemTable 对应于一个磁盘文件，MemTable 的数据结构跳表本身就是一个有序表，写入文件的数据结构也是按照 Key 来排序的，这些文件就是 SSTable。由于把 MemTable 写入 SSTable 的这个写操作，是把整块内存写入整个文件中，因此该操作同样也是一个顺序写操作。

至此，虽然数据已经保存到磁盘上了，但事情还没有结束，因为虽然这些 SSTable 文件中的 Key 是有序的，但是文件之间却是完全无序的，所以还是无法查找。对此，SSTable 采用了一个很巧妙的分层合并机制来解决这个问题。SSTable 被分为很多层，越往上层，文件越少，越往底层，文件越多。每一层的容量都有一个固定的上限，一般来说，下一层的容量是上一层的 10 倍。当某一层写满时，就会触发后台线程往下一层合并，数据合并到下一层之后，本层的 SSTable 文件就可以删除了。合并的过程也是排序的过程，除了 Level 0 以外，每层中的文件都是有序的，文件内的 KV 也是有序的，这样就比较便于查找了。

接下来再讨论 LSM-Tree 如何查找数据。查找的过程也是分层查找，先在内存中的 MemTable 和 Immutable MemTable 中查找，然后再按照顺序依次在磁盘的每层 SSTable 文件中查找，一旦找到了就直接返回。这样的查找方式其实是很低效的，可能需要多次查找内存和多个文件才能找到一个 Key，但实际的效果并没有那么差，因为这样一个分层的结构，它会天然形成一个非常有利于查找的状况，即越是经常被读写到的热数据，它在这个分层结构中就越靠上，对这样的 Key 查找就越快。

比如，最经常读写的 Key 很大概率会在内存中，这样不用读写磁盘就能完成查找。即使在内存中查不到，真正需要穿透很多层 SSTable，一直查到最底层的请求，实际也还是很少的。另外，在工程上，开发人员还会对查找做很多优化，比如，在内存中缓存 SSTable 文件的 Key，用布隆过滤器避免无谓的查找等，以加速查找过程。这样综合优化下来，最终的查找性能会相对较好。

## 18.3 小结

RocksDB 是一个高性能持久化的 KV 存储，很多新生代的数据库将其作为存储引擎。RocksDB 能在保证读性能较高的前提下，大幅提升写性能，这一点主要得益于它的数据结构 LSM-Tree。

LSM-Tree 通过混合内存和磁盘内的多种数据结构，将随机写转换为顺序写，以提升写性能，通过异步向下合并分层 SSTable 文件的方式，让热数据的查找更高效，从而获得较高的综合查找性能。

通过分析 LSM-Tree 的数据结构，我们可以看到，这种数据结构比较偏向于写入性能的优化，更适合在线交易类场景，因为这类场景通常需要频繁写入数据。

## 18.4 思考题

本章讲解了 LSM-Tree 是如何读写数据的，但是并没有提到数据的删除方法。请参阅 RocksDB 或 LevelDB 的相关文档，总结一下 LSM-Tree 删除数据的过程。

Appendix A 附录 A

# 测试题及解析

为了帮助大家检测学习的效果，本书的最后特别准备了一套测试题。这套测试题共有 10 道题目，包括 7 道单选题和 3 道多选题，满分是 100 分。

测试题中涉及的知识点，本书中都讲过，答案解析中也会标明该题所考知识点的出处。

希望大家认真完成这次测试，如果发现哪些知识还没有掌握，则可以去相应的章节继续学习。

下面就开始测试吧！

## 测试题

1.【单选题】订单系统中，如何避免重复下单造成的数据错误？

A. 让订单服务具备幂等性

B. 使用全局唯一的订单号

C. 使用自增 ID 作为订单表的主键

D. 在界面上判重，用户点击下单后，立即禁用下单按钮

2.【单选题】以下哪些数据库不能保证服务器宕机时不丢失数据？

A. CockroachDB　　B. HBase

C. Redis　　D. Elasticsearch

3.【多选题】以下哪些数据库可以满足交易类系统对事务的需求？

A. 内存数据库　　B. NoSQL 数据库

C. NewSQL 数据库　　D. OldSQL 数据库

4.【多选题】在商品系统中，设计商品详情页时，可以把页面中的大部分内容静态化，保存在 HTML 文件中。以下哪些内容适合静态化？

A. 商品参数　　B. 商品价格

C. 促销信息　　D. 商品介绍

5.【单选题】CAP 定理指的是在一个分布式系统中，Consistency（一致性）、Availability（可用性）、Partition tolerance（分区容忍性），三者不可兼得。在对 MySQL 分库分表时，可以使用查表法分片，也就是使用一个映射表来记录数据在哪个库哪个表中。对于保存这个映射表的存储，应如何取舍 CAP？

A. CA　　B. AP　　C. CP

6.【单选题】下单时，如果使用了优惠券，那么订单系统需要更新订单，优惠券系统需要锁定优惠券，才能完成"在订单中使用优惠券"的操作。这是一个典型的分布式事务场景，以下哪种分布式事务方法不适合用于这个场景？

A. 2PC　　B. 3PC

C. 本地消息表　　D. TCC

7.【单选题】MySQL 一主 $N$ 从集群中，如果需要依次兼顾：

1）服务高可用

2）数据高可靠

3）高性能

则主从同步复制需要配置为：

A. 同步复制

B. 半同步复制，主库更新数据时，至少复制到一个从库上再返回

C. 半同步复制，主库更新数据时，至少复制到 $N/2$（$N$ 为从库数量）个从库上再返回

D. 异步复制

8.【多选题】以下哪些是复制状态机理论的应用？

A. Raft 一致性协议 B. MySQL 主从同步

C. HDFS 副本之间数据复制 D. Redis 主从同步

9.【单选题】某 App 每天产生约 10GB 的点击流（页面埋点）数据，要求保存原始数据，保存期限为半年。在不考虑硬件成本的前提下，应该选择哪个存储系统存储这些点击流原始数据？

A. HDFS B. MySQL

C. Elasticsearch D. Kafka

10.【单选题】以下哪些数据结构不能用于构建数据库存储引擎？

A. B+ 树 B. 跳表

C. 哈希表 D. 链表

## 正确答案

| 题号 | 1 | 2 | 3 | 4 | 5 | 6 | 7 | 8 | 9 | 10 |
| --- | --- | --- | --- | --- | --- | --- | --- | --- | --- | --- |
| 正确答案 | A | C | CD | AD | B | C | B | ABD | C | D |

## 解析

1. 正确答案是选项 A（让订单服务具备幂等性）。幂等操作的特点是，其任意多次执行所产生的影响，均与一次执行所产生的影响相同。也就是说，对于一个幂等方法，使用同样的参数，无论对它进行多少次调用，对系统产生的影响都是一样的。所以，对于幂等方法，不用担心重复执行会对系统造成任何改变。通过幂等操作创建的订单服务，无论创建订

单的请求发送多少次，数据库都只会有一条新创建的订单记录。

选项 B（使用全局唯一的订单号）、C（使用自增 ID 作为订单表的主键）并不能防重。

选项 D（在界面上判重，用户点击下单后，立即禁用下单按钮）只能做到界面上防重，仍然无法避免后端调用链路上的自动重试。

**相关章节：第 2 章**

2. 选项 A（CockroachDB）是 NewSQL 数据库，它使用 RocksDB 作为单机存储引擎，因此可以保证数据的可靠性。

   选项 B（HBase）的数据通常存储在 HDFS 上，同样也可以保证数据的可靠性。

   选项 C（Redis）是一个内存 KV 数据库，数据写入时通常采用异步刷盘的方式，存在宕机丢失数据的风险。所以此为正确答案。

   选项 D（Elasticsearch）是一个分布式内存数据库，虽然 ES 的数据保存在内存中，但是在数据写入的时候，会被持久化到磁盘中，因此也可以保证数据的可靠性。

   **相关章节：第 10 章**

3. 选项 A（内存数据库）虽然支持 ACID，但因为其只能集成在进程内，无法支持多实例部署，所以无法满足要求。

   选项 B（NoSQL 数据库）一般不能提供事务支持，所以无法满足要求。

   选项 C（NewSQL 数据库）一般都可以提供 REPEATABLE-READ 或 Serializable Snapshot Isolation 隔离级别，可以满足要求。

   选项 D（OldSQL 数据库）就是目前广泛应用于交易系统的关系型数据库，也可以满足要求。

   所以这一题的答案是 C、D。

   **相关章节：第 6 章和第 17 章**

4. 因为静态化的商品详情页会存放在 CDN 服务器上，无法保证及时更新，所以静态化只适用于那些不需要频繁更新，并且对更新延迟不敏感的内容。

选项 A（商品参数）、D（商品介绍）中的内容都不会经常更新，因此适合静态化，故为正确答案。

选项 B（商品价格）、C（促销信息）则会经常发生变更，并且变更后需要及时更新，因此不适合静态化。

**相关章节：第 3 章**

5. 由于每次访问 MySQL 时，都需要读取映射表才能知道数据存在哪个库表中，所以 Availability（可用性）是必须要保证的，否则整个集群就不可用了。

   接下来就看如何取舍一致性和分区容忍性了。由于这个映射表中的数据很少会发生变化，只有在集群水平扩容或重新分片时才会变化，因此牺牲一致性对系统来说几乎没有任何损失。

   所以，这道题的正确答案是选项 B（AP）。

   **相关章节：第 11 章**

6. 选项 A（2PC）、B（3PC）、D（TCC）这几种分布式事务，虽然各有各的不足和限制，但都是强一致模型，都可以用来解决订单优惠券的问题，故为本题正确答案。

   选项 C（本地消息表）只能保证最终一致性，而且因为没有预占用资源，可能会出现下单后，异步锁定优惠券时，优惠券不可用的问题，所以不适合订单优惠券场景。

   **相关章节：第 6 章**

7. 要确保服务的高可用性，必须要能做到，当任意一个数据库发生故障时，都可以自动切换到其他库继续提供服务，这一点只要是主从架构都可以支持。要保证数据的高可靠性，就需要保证在切换时不能丢失数据，这就要求在任何时候都至少要有一个从库的数据与主库是一样的。异步复制无法满足上述要求，因此排除选项 D（异步复制）。要满足高性能，就需要在 ABC 三个选项中选择一个性能最好的方案，其中选项 B

（半同步复制，主库更新数据时，至少复制到一个从库上再返回），至少复制到一个从节点，在向客户端返回响应前，需要复制的数据最少，因此，这道题的答案是性能最好的选项 B。

**相关章节：第 10 章**

8. 任何一个存储系统，无论它存储的是什么数据，采用了怎样的数据结构，都可以抽象成一个状态机。复制数据的时候，只要基于一个快照，按照顺序执行快照之后的所有操作日志，就可以得到一个完全一样的状态。选项 A（Raft 一致性协议）、B（MySQL 主从同步）、D（Redis 主从同步），都是基于复制状态机理论实现的，故为本题正确答案。

   选项 C（HDFS 副本之间数据复制）是基于块来进行存储和复制的，与复制状态机无关。

   **相关章节：第 10 章**

9. 每天 10GB 的数据，保存半年时间，数据总量约为 1.5TB。对于选项 B（MySQL）来说，这个数量级过大，性能不能满足要求。

   对于写入性能及数据容量来说，选项 A（HDFS）、选项 C（Elasticsearch）和选项 D（Kafka）都可以满足要求，但综合考虑查询能力和查询性能，Elasticsearch 是最佳的选择，所以答案应为选项 C。

   **相关章节：第 15 章**

10. 用于构建数据库存储引擎的数据结构，必须具备比较好的综合查找性能。

    选项 A（B+ 树）和 B（跳表）查找时间的复杂度是 $O(\log N)$，都是数据库存储引擎常用的数据结构。

    选项 C（哈希表）查找时间的复杂度为 $O(1)$，但其在存储大量数据的时候很容易发生碰撞，若辅以其他存储结构解决碰撞问题，也能获得不错的查找性能，因此很多分布式存储数据库的存储引擎，都会采用哈希表配合其他数据结构来使用。选项 D（链表）查找时间的复杂度为 $O(N)$，性能较差，不适合作为数据库存储引擎的数据结构，故为本题正确答案。

    **相关章节：第 9 章**

Appendix B 附录 B

# 思考题解析

本书每一章都设置了思考题，其目的是加深读者对本章内容的理解，并引发相应的思考。对于每一道思考题，这里都会给出回答和解析，但因为一些发散性思考题并没有“唯一的标准答案”，这里给出的只是笔者的看法和见解，所以如果与大家的答案不一致也不必懊恼，重要的是通过问题去思考并有所收获。

## 1.4 节思考题

完成了概要设计之后，接下来就进入技术选型阶段了。作为公司的CTO，请思考，这个电商系统的技术选型应该是什么样的？

- 使用哪种编程语言和技术栈？
- 需要哪些第三方的框架和云服务？
- 我们最关心的存储系统该如何选型？

**解析**

技术选型本身并没有好坏之分，更多的是选择“合适”的技术。对于编程语言和技术栈的选择，笔者认为需要考虑如下两个方面，一方面是团队的人员配置，应尽量选择大家熟悉的技术，另一方面是考察所选择技术的生态是否足够完善。这两个原则在选择编程语言、技术栈、云服务和存储的时候都是适用的。如何根据业务选择合适的存储系统，这个问题请参考第 16 章的内容。

## 2.5 节思考题

实现服务幂等性的方法，远不止本章介绍的这两种。请思考，在你负责开发的业务系统中，能不能利用本章所讲的方法来实现服务幂等性？除了这两种方法以外，还有哪些实现服务幂等性的方法？

**解析**

其实，实现幂等性的方法可分为两大类，一类是通过一些精巧的设计让更新本身就是幂等的，这种方法并不能适用于所有的业务。另一类是利用外部的具备一致性的存储（比如 MySQL）来做冲突检测，在设计幂等方法的时候，通常可以顺着这两个思路来展开。

## 3.7 节思考题

如果用户在下单的同时，正好赶上商品调价，就有可能会出现这样的情况：商品详情页中显示的价格明明是 10 元，下单后，却变成 15 元。系统是不是在暗中操作？这种意外会给用户带来非常不好的体验。千万不要以为这只是一个小概率事件，当系统的用户足够多的时候，每时每刻都有很多人在下单，这几乎是一个必然出现的大概率事件。

请思考，这个问题该如何解决？

**解析**

首先，商品系统需要保存商品基本信息（价格信息也包含在内）的历史数据，对每一次变更记录一个自增的版本号。在下单的请求中，不仅要带上 SKUID，还要带上版本号。如果订单服务以请求中的商品版本对应的价格来创建订单，就可以避免“下单时突然变价”的问题了。

但是，这样会产生一个很严重的系统漏洞：黑客可能会利用这个机制，以最便宜的历史价格来下单。所以，我们在下单之前需要增加一个检测逻辑：请求中的版本号只能是当前版本或上一个版本，并且对上一个版本的使用要有一个时间限制，比如，调价 5 秒之后，就不再接受上一个版本的请求了，这样就可以避免上述的调价漏洞了。

## 4.5 节思考题

请思考：既然用户的购物车数据存放在 MySQL 或 Redis 中各有优劣，那么能否把购物车数据存在 MySQL 中，然后用 Redis 来做缓存呢？这样不就可以兼顾两者的优势了吗？如果可行，如何保证 Redis 与 MySQL 中的数据是一样的呢？

**解析**

用 Redis 为购物车数据库做缓存，在技术上肯定是可行的。但是这里需要考虑如下两个问题。

第一个问题是：值不值得这样做？因为每个人的购物车都是不一样的，所以这个缓存的读写比差距不会很大，缓存的命中率不会太高，缓存的收益有限，为了维护缓存，还要提高系统的复杂度。所以我们需要仔细权衡一下，这样做是不是值得。笔者的观点是，除了超大规模的系统以外，没有必要设置这个缓存。

第二个问题是：如果非要做这样一个缓存，那么采用哪种缓存更新策略会更好呢？关于这个问题，第 10 章中详细讲解了几种常用的缓存策略，可以根据实际情况选用其中的一种策略，一般来说使用 Cache Aside 策略即可。

## 5.5 节思考题

请在完成本章的阅读之后，执行本章提供的示例代码，看一下多个事务并发更新同一个账户时，RC 和 RR 这两种不同的隔离级别在行为上有哪些不同之处。

**解析**

出这道思考题的主要目的是希望大家除了听和看之外，还能真正动手实践一下，以加深理解。RC 和 RR 这两种不同的隔离级别，在并发更新数据的时候，都需要对数据加锁（一般是行锁），当两个事务同时更新一条记录的时候，先更新的那个事务会抢占到锁，在该事务结束之前，其他需要更新这条记录的事务都会卡住并等待这个锁。在这一点上，RC 和 RR 这两种隔离级别是一样的。

## 6.5 节思考题

2PC 还提供了一些改进版本，比如，3PC、TCC 等，它们的思想与 2PC 大体上差不多，虽然解决了 2PC 的一些问题，但是同时也带来了新的问题，实现起来也更复杂。限于篇幅，我们无法详细讲解每个方法。在理解了 2PC 的基础上，大家可以自行学习 3PC 和 TCC，然后对比一下，2PC、3PC 和 TCC 分别适用于什么样的业务场景。

**解析**

相较于 2PC，3PC 做了两个改进，一是事务执行器增加了超时机制，以避免文中提到的因为协调者宕机，导致执行器长时间卡死的问题。另外，3PC 在 2PC 之前增加了一个询问阶段，在这个阶段，事务执行器可以尝试锁定资源（但不用等待），这样可以避免像 2PC 那样直接锁定资源，而在资源不可用的情况下，因为要一直等待资源导致事务卡住。

TCC 可以理解为业务层面的 2PC（也有观点主张 TCC 与 2PC 是完全不同的，个人建议没必要在这些概念上较真，理解并正确使用才是关键）。TCC 同样也可以分为 Try 和 Confirm/Cancel 这两个阶段，在 Try 阶段锁定资源，但不执行任何更新操作，在 Confirm 阶段执行所有更新操作并进行提交，如果失败则进入 Cancel 阶段。Cancel 阶段就是收拾烂摊子，把 Confirm 阶段所做的数据更新都改回去，把 Try 阶段锁定的资源都释放出来。相较于 2PC，TCC 可以不依赖于本地事务，但是 Cancel 阶段的业务逻辑比较难实现。

## 7.4 节思考题

在电商的搜索框中搜索商品时，搜索框通常会弹出一个搜索提示的功能，比如，用户输入“苹果”但还没有点击搜索按钮的时候，搜索框下面会提示“苹果手机”“苹果 11”“苹果电脑”这些建议的搜索关键字。请参阅 ES 的文档，然后思考如何用 ES 快速实现该搜索提示功能。

**解析**

因为用户每输入一个字都可能会发请求查询搜索框中的搜索推荐。所以搜索推荐的请求量远高于搜索框中实际搜索内容的请求量。ES 针对这种情况提供了 Suggestion API，并提供了专门的数据结构应对搜索推荐，再结合 pinyin（拼音）分词器，就可以实现输入拼音字母就提示中文的效果了。

## 8.4 节思考题

你所负责的系统数据库是如何实现高可用性的，存在哪些风险和问题，读完本章的内容后，你会如何改进这个高可用方案？

**解析**

这是一个开放性问题，不存在“标准答案”。需要根据系统本身的实际情况，应用本书中讲解的知识，思考最合适的方案。

## 9.1.4 节思考题

请思考，以你个人的标准，什么样的 SQL 算是慢 SQL ？如何才能避免写出慢 SQL ？

**解析**

提出这个问题的目的是引发大家对慢 SQL 的思考，由于 9.2 节中有详细的阐述，因此这里不再赘述。

## 9.2.5 节思考题

请思考，9.2.3 节所讨论的 SQL 执行计划的示例中，为什么第一个

SQL 没有使用索引呢？

```
SELECT * FROM user WHERE left(department_code, 5) = '00028';
```

**解析**

这个问题在 9.3 节中有详细的讲解。浅层的原因是，这个 SQL 的 WHERE 条件对 department_code 列做了一个 left 截取的计算，因为对于表中的每一条数据，都必须先做截取计算，然后判断截取后的值，所以不得不做全表扫描。在理解了数据库执行 SQL 的原理之后，我们可以知道，更深层次的原因是，MySQL 的存储引擎在优化物理执行计划时，还不够智能，没有识别出这是一个可以优化的场景。

## 9.3.4 节思考题

请选择一种熟悉的非关系型数据库，最好是支持 SQL 的，当然，若不支持 SQL，有自己的查询语言也可以（比如，HBase、Redis 或 MongoDB 等都可以），尝试分析一下其查询语言的执行过程，对比一下它的执行器和存储引擎与 MySQL 的有什么不同。

**解析**

这里以分布式数据库 Hive 为例来说明，帮助大家了解它的执行器和存储引擎。严格来说，Hive 并不是一个数据库，而是一个执行器，它的存储引擎就是 HDFS 加上 MapReduce。在 Hive 中，一条 SQL 的执行过程与 MySQL 中的差不多，Hive 会解析 SQL，生成并优化逻辑执行计划，然后将逻辑执行计划交给 MapReduce 执行，MapReduce 后续将负责生成并优化物理执行计划，在 HDFS 上执行查询等操作。顺便说一下，Hive 的执行引擎（严格来说是物理执行引擎）是可以替换的，所以就有了 Hive on Spark，Hive on Tez 这些不同的 Hive 解决方案。

## 10.1.4 节思考题

请思考：在什么情况下使用 Cache Aside 模式更新缓存会产生“脏数据”？请举例说明。

**解析**

使用 Cache Aside 模式来更新缓存，并不能完全避免“脏数据”的产生。如果一个写线程在更新订单数据的时候恰好赶上这条订单数据缓存过期，又恰好赶上一个读线程正在读这条订单数据，那么还是有可能会出现读线程将缓存更新成“脏数据”的问题的。但是，相较于 Read/Write Through 模式，Cache Aside 模式产生“脏数据”的可能性要低得多，并且发生的概率并不会随着并发数量的增多而显著增加，所以即使是高并发的场景，实际发生这种情况的概率也非常低。

既然不能百分之百地避免缓存的“脏数据”问题，那么我们可以利用一些方式来进行修正。比如，把缓存的过期时间设置得相对短一些，一般在几十秒，这样即使产生了“脏数据”，几十秒之后也会自动恢复。更复杂一点，可以在请求中带上一个刷新标志位，如果用户在查看订单的时候手动点击刷新，那就不用缓存，直接读取数据库，这样也可以解决一部分问题。

## 10.2.4 节思考题

请对照你所负责开发或维护的系统思考一下：你的系统实施读写分离的具体方案是什么，比如，如何分离读写数据库的请求，如何解决主从延迟带来的数据一致性问题？

**解析**

分离读写请求所采用的大多是数据库代理服务或 Sharding-JDBC 这两种方案。对于解决主从延迟的问题，虽然没有办法完全避免延迟，但至少要能够监控主从延迟，当延迟太大的时候，可采用一些降级方案。比如，把重要业务的读请求切回主库，暂停一些不重要的业务，甚至限流，等等。

## 10.3.4 节思考题

请思考：除了数据库的备份和复制用到复制状态机之外，在计算机技术领域，还有哪些地方也用到了复制状态机？

**解析**

复制状态机的应用非常广泛，比如，现在很火的区块链技术也是借鉴了复制状态机理论，它的链（或者说是账本）就是操作日志，每个人的钱包就是状态。区块链只要保证账本一旦记录后就不会被篡改，那么在任何人的计算机上计算出来的钱包就都是一样的。

## 11.1.4 节思考题

在数据持续增长的过程中，本章介绍的这种“归档历史订单”的数据拆分方法与直接进行分库分表的方法（比如，按照订单创建时间，自动拆分成每个月一张表），二者各有什么优点和缺点？

**解析**

这个问题在 11.2 节中也提到了，这里只做简单的总结。按月自动拆分订单的好处是，不需要做数据搬运，实现起来相对比较简单，数据分得更碎，缺点是跨月查询比较麻烦，但好处是容量更大（因为分片更多）。归档历史订单的方法，实现起来更复杂，容量也要小一些，但是该方法对查询更友好。

## 11.2.5 节思考题

请思考，拆分订单表之后，那些与订单有外键关联的表，应该如何处理？

**解析**

对于这些表的处理，笔者的建议是，与订单表一起拆分，让具有相同订单 ID 的订单和关联表的数据分布到相同的分片上，这样更便于查询。

## 12.1.5 节思考题

很多存储系统构建集群的原理基本上都是一样的，这一点对于存储系统的使用者来说是一件好事，比如，掌握了 MySQL，再学 Redis 时，只要研究一下其与 MySQL 不一样的那部分内容，就可以精通 Redis 了。

请思考，HDFS 在解决分片、复制和高可用这几个方面，哪些地方与其他存储系统类似，哪些地方是自己所独有的。

**解析**

HDFS 集群的构成，与书中所讲的几个分布式存储集群类似，主要分为 NameNode（即用于存放元数据和负责路由的节点）和 DataNode（即用于存放文件数据的节点）。在 HDFS 中，大文件同样也被划分为多个块，每个块会有多个副本来保证数据的可靠性。但 HDFS 并没有采用复制状态机的方式去同步数据，而是实现了自己的复制算法，若感兴趣，建议参阅相关资料以进一步了解。

### 12.2.4 节思考题

请思考，如果出现缓存不同步的问题，对于你所负责的业务场景，应该采取什么样的降级或补偿方案？

**解析**

这也是一个没有唯一答案的开放性问题。降级和补偿的方法有很多，比如，设置一个合理的缓存过期时间，这样即使出现了缓存不同步的问题，等缓存过期后也会自动恢复。再比如，识别用户手动刷新操作，强制重新加载缓存数据（但要注意防止大量缓存穿透）。还可以在管理员的后台系统中，预留一个手动清除缓存的功能，必要的时候进行人工干预。

### 12.3.4 节思考题

请思考，在数据同步的架构下，如果下游的某个同步程序或数据库出现了问题，需要把 Binlog 回退到某个时间点，然后重新同步，那么这个问题又该如何解决呢？

**解析**

这个问题的解决方案如下。如果下游只有一个同步程序，那么直接按照时间重置 Canal 实例的位点。但是，如果消息队列的下游有多个消费者，这种情况就不能重置 Canal 里的位点了，否则会影响到其他消费者。正确的做法是，在消息队列的消费订阅上按照时间重置位点，这样就只会对出问题的那个订阅产生影响。所以，在这种架构下，最好能将消息队列中消息的保存时间设置得长一些，比如，保留 3 天。

## 13.4 节思考题

在数据库的整个切换方案中，只有一个步骤是不可逆的，那就是由双写切换为新库单写。请思考：如果可以不计成本，我们应该如何修改迁移方案，让这一步也能实现快速回滚？

**解析**

双写切换为新库单写这一步不可逆的主要原因是，一旦切换为新库单写，旧库的数据与新库的就不一致了，这种情况是无法再切换回旧库的。所以，问题的关键是，切换为新库单写后，需要保证旧库的数据能与新库保持同步。这时双写需要增加一种过渡状态：从双写以旧库为准过渡到双写以新库为准。然后把比对和补偿程序反过来，用新库的数据补偿旧库的数据。这样就可以做到一旦出现问题，就直接切回到旧库上。

## 14.4 节思考题

本章中提到过，对象存储并不是基于日志来进行主从复制的。假设我们的对象存储是一主二从三个副本，采用半同步的方式复制数据，也就是主副本和任意一个从副本更新成功后，就向客户端返回成功响应。主副本所在的节点宕机之后，这两个从副本中，至少有一个副本上的数据与宕机的主副本是一样的，我们需要找到这个副本作为新的主副本，才能保证宕机后数据不丢失。

请思考，没有日志的情况下，如果这两个从副本上的数据不一样，应该如何确定哪个从副本上面的数据与主副本是一样新的呢？

**解析**

这类问题的解决思路一般都是基于版本号来展开，在主副本上，Key 每更新一次，Key 的版本号就加 1，版本号作为 KV 的一个属性，会一并复制到从节点上，通过比较版本号就可以知道哪个节点上的数据是最新的。

另外，有些人提出用比较时间戳的方式来解决这个问题。这个方法虽然在理论上是可行的，但实际实现起来非常困难，因为它要求集群上的每个节点的时钟都必须时刻保持同步，然而这个要求往往很难达到。

## 15.1.4 节思考题

请思考，为什么 Kafka 的吞吐能力能达到 HDFS 的好几倍，技术上的根本原因是什么？

**解析**

这个问题最根本的原因是，对于磁盘来说，顺序读写的性能要远远高于随机读写，不同的磁盘，性能差距非常大，大约在几十倍。Kafka 是为顺序读写而设计的，HDFS 则是为随机读写设计的，所以在顺序写入的时候，Kafka 的性能会更好。

## 15.2.4 节思考题

如果我们要做一个日志系统，收集全公司所有系统的全量程序日志，为开发人员和运维人员提供日志的查询和分析服务，那么，请思考，应该选择用什么样的存储系统来存储这些日志？为什么？

**解析**

这个问题的解题思路，仍然是根据业务对数据的查询方式，反推数据应该使用怎样的存储系统。对于日志的查询，最常用的两种方式就是，按照关键字进行查询，以及根据指定的时间和 IP 进行浏览。

如果日志的量级不超过 TB 级别，则直接放到 ES 里最省事，这两种查询方式都可以获得较高的查询性能。如果规模太大了，在 ES 也支撑不住的情况下，可以考虑把日志放到 HDFS 中。对于根据时间和 IP 进行浏览这种查询需求，直接定位具体的日志文件即可，这种情况下查找速度是比较快的。对于关键字的查询需求，可以通过 MapReduce 任务并行查询多个文件，然后再通过整合多个查询结果的方式来实现。

## 16.5 节思考题

请思考，一个电商企业在创业阶段、高速增长阶段和成长为一个大型电商企业之后，分别应该选择什么样的存储技术？

**解析**

在创业阶段，我们需要解决从 0 到 1 的问题，最重要的是以较低的成本快速上线新系统，数据量、性能和稳定性都不是这一阶段需要重点考虑的问题，所以使用一台单机的 MySQL 数据库来保存全部数据是比较合适的选择。如果对性能有要求，也可以增加一台 Redis 作为前置缓存；另外，如果成本在可以接受的范围内，可以考虑再增加一台 MySQL 和一台 Redis，将 MySQL 和 Redis 分别配置成主从模式，这种模式可以极大地增强系统的可用性和数据可靠性。

在高速增长阶段，系统需要满足业务快速变化，以及流量高速增长的需求。MySQL 仍然是主力存储的最佳选择，但为了应对流量增长，存储系统需要具备足够的可扩展性。具体解决方法包括如下几种。

- 按照业务将单体数据库拆分为多个数据库。
- 读写分离。
- 为报表类统计分析性系统设置单独的只读从库。

系统成长为超大规模的系统之后，存储的选型就不能一概而论了，需要分而治之。每个子系统再根据系统规模和业务特点等具体情况，应用本章所讲到的方法做细分的存储选型。

## 17.5 节思考题

请回顾 Raft 一致性协议，然后简单总结一下，CockroachDB 是如何利用 Raft 协议实现多个分片高可用、高可靠和强一致特性的。

**解析**

这里简单说一下 Raft 协议，Raft 协议是一个分布式一致性协议，很多分布式系统，都使用该协议来保证数据的强一致性。Raft 协议可以利用复制状态机来解决多个副本数据一致的问题，保证日志复制到半数以上节点之后，才向客户端返回成功信息。同时，Raft 协议还引入了主从心跳机制，当主节点发生故障时，其他节点能主动发起选举，选出新的主节点。复制状态机、心跳和选举机制，可用于保证集群数据的高可用、高可靠和强一致的特性。

## 18.4 节思考题

本章讲解了 LSM-Tree 是如何读写数据的，但是并没有提到数据的删除方法。请参阅 RocksDB 或 LevelDB 的相关文档，总结一下 LSM-Tree 删除数据的过程。

**解析**

LSM-Tree 采用的是标记删除法。当要删除一条记录时，我们不用先查找这条记录，然后将数据从文件中删除，而是可以与插入操作一样，写入一条“删除记录”，这条记录的 Key 就是待删除的 Key 值，而 Value 则是一个特殊的常量，用于标记这个 Key 已删除，这个常量被形象地称为“墓碑”。后续在合并 SSTable 文件时，才会执行真正的删除操作。这种实现方式的好处在于，删除时不必执行速度较慢的查找操作，从而提升了删除操作的性能。

# 后记　让奋斗成为习惯

在本书的最后，我想与大家分享我对个人技术能力提升的感悟。

程序员是一个特别依赖个人技术能力的职业，不同的程序员，技术能力的差别可能非常大。一个高级程序员，往往可以抵得上好几个普通程序员。一个技术差却不自知的程序员，其“产出”更是能抵得上几十个程序员，不过这个“产出”是负面的。正所谓“一人写 Bug，大家加班来找碴”，相信很多人都有过这样的经历。

相应地，程序员的收入差距也非常大，从年入几万到几百万的都有。同样是应届生，从“CURD”（增改查删）开始做起，几年之后有些人还在做“CURD”，只是更熟练了而已，而有的人在技术能力上提升得非常快，职位和收入也随之水涨船高。

为什么有些人的技术能力能够得到快速提升？这里面的原因很复杂，每个人的天赋、工作经历、选择甚至运气都可能是影响因素。但除此之外，还是有一些方法和经验，可以为大家的技术能力提升提供助力。

## 把奋斗当成习惯

技术的原始积累，是个人技术能力的基础。这个“积累”主要是指你要有足够多的技术经历，其中包括你读过的书、写过的代码、做过的项目、解决过的 Bug、用过的框架、踩过的坑，以及遇到的各种问题，等等。

技术积累为什么这么重要呢？如果没有技术积累，而是直接通过学习技术原理和刷题这些手段去提升技术能力不行吗?

对于上述问题，这里通过一个例子来解答。计算机专业的很多学生刚毕业的时候，往往会觉得学校学到的那些专业课与实际工作脱节得厉害，还没有培训班的实战课有用。而很多拥有多年技术经验的资深程序员，反倒开始重拾大学的专业课本进行回炉。越是大型企业的技术面试，越看重基础知识、算法、设计模式等基本的理论知识，这里面有很多是大学专业课学过的知识。

为什么会有这样的现象?因为如果没有足够的技术积累，我们往往很难理解书本上的技术知识和原理可以用在何处，所以会觉得它们没用。只有当你遇到过这样的问题，有过困惑，再去看书上所讲的理论知识时，才会有一种恍然大悟的感觉。所以说，原始的技术积累非常重要。

对于技术积累，没有捷径可以走，如果想要实现快速积累，只有多写代码、多做项目这一条路。具体的做法说简单也很简单，说难也很难，就是积极主动地多做事情，不要去管这些事情是不是自己职责范围之内的，有没有报酬，会不会有收获，对技术能力有没有提升。不计得失，任劳任怨，终有所获。

上述方法说它简单，是因为只要想去做，每个人都能做得到。说它难，是因为并不是每个人都会从心底认同这种做法，如果没有内心的认同，只是强迫自己这么做，那将是非常痛苦的，并且很难坚持下来。所以，问题的关键是寻求内心的认同。

我刚毕业那几年，对这个观点就很不认同。我当时的想法是这样的:每个月才拿这么一点儿钱，为什么要主动做这么多事儿?我对公司产生的价值，应该能对得起我的工资，即使多干活，公司也不会多给我钱。

估计很多年轻的朋友也会有同样的想法。我们不能简单地判定这个想法的对错，实际上，这是一个涉及人生观的问题。比如，有的人清楚地知道自己想要什么:“我不追求什么技术，也不在乎职务收入，工作只是我谋生的手段，我更看重的是诗和远方。”

但我是一个“俗人”，希望通过自身技术能力的不断提升来获得自我认同，同时也获得更高的收入和体面的生活。如果你也与我一样不能免俗，那么我建议你从内心开始尽快做一个转变。什么转变呢？从“凭什么要我做”转变到“愿意主动地多做一些事”，再到“把奋斗当成习惯”。

我的转变得益于一位前辈的一句话：“如果你是领导，需要安排一个重要的任务时，你是愿意交给那个只做分内事、斤斤计较的人，还是愿意交给那个不计得失、兢兢业业的人呢？”

其实你真正应该较劲的人，不是你的领导，而是那些与你一起竞争有限发展空间的同行。主动地多做一些事，不仅能获得更多成长和锻炼的机会，更重要的是能获得周围人对你的认可，这里面也包括你的各级领导。这样你就会获得更重要的任务和更多锻炼的机会，才能比同行更快速地成长起来，用更短的时间实现技术积累。想通了这个道理，即使多做一些看起来没有回报的脏活累活，心里也不会感觉那么痛苦了。

## 去思考，积点成势

一个人的技术能力会随着技术积累线性增长。当经验积累到一定程度的时候，我们需要停下来，放空杂乱的思绪，集中精力思考如下两个问题。

- 这段时间我做了什么？
- 技术上我学到了什么？

然后在脑海中把这两个问题的答案再梳理一下。这时你可能就会发现，之前积累的零散知识之间其实是有联系的，然后再沉淀、总结，你可能就会在某个小的技术领域上构建出一个知识体系。

原本看不清脉络的技术，有可能就可以看清楚了。反过来，厘清了技术脉络，构建起的知识体系也会加快你继续学习和积累的速度。

上述内容可能有点抽象，下面还是通过举例来说明。比如，学习一门新的编程语言，对很多人来说是一项很大的挑战，但我现在可以做到用一周的时间来学会一门全新的编程语言。达到什么程度呢？精通和熟练肯定是谈不上的，但至少可以做到用规范、合格的代码开发出一个可以用于生产的系统。

我在技术分享文章中经常会编写一些示例代码用于展示知识点，为了让使用不同编程语言的读者都能有所收获，我一般会轮流使用 Java、Scala、Python 和 Golang 这四种比较流行的编程语言来编写示例代码。我日常工作中使用的是 Java 语言，偶尔也会用到 Python，大多数时候，Scala 和 Golang 这两门语言都是现学现用的。

我之所以能够做到快速学习，一个很重要的前提是，自己已经熟练地掌握了两三门编程语言，且经过思考和总结，厘清了编程语言的技术体系，以及这几门语言之间的共通之处。

当我再学习一门全新的语言时，首先会比较这门语言与其他语言有哪些不一样的特性，这些特性往往是用于解决其他语言中那些不容易解决的问题的。比如，最近特别火的 Rust 语言，它之所以能这么火，是因为它采用了所有者模型来解决内存管理的老大难问题。如果你体验过使用 C++ 时内存泄漏的痛苦，也体验过 Java 和 Golang 的回收器经常“Stop the world”（停止所有处理）的无奈，那么你应该能够感受到 Rust 语言的这个特性有多友好。

从上面的分享中我们可以看到，想快速理解这些新特性，还是要有足够的技术积累做支撑，如果没有 C++、Java 和 Golang 这些语言的使用经验，你的感受很可能只是为什么会有所有者模型这么奇怪的设计，这个编译器为什么总是通不过。

再回到学习编程语言这件事。了解完一门新语言的特性之后，我会看一下它的基本语法、线程模型以及内存管理模型都是怎样的，是不是与已有语言的机制一样；再看一下它的基础类库，包括常用的集合类、如何读写文件、如何处理输入 / 输出等，以及它的源代码是如何组织的，编译、构建的系统是怎样的，它又是如何处理类库之间的引用依赖这些编译、运行问题的；最后还要看一下这门语言的生态系统，比如，最常用的 Web 框架、RPC 框架是什么，在一些常用的场景下配合哪些中间件使用最合适；等等。

当然，这么多内容不可能一下子全部记住，但你会发现，其中绝大部分内容与其他语言是差不多的，我们只要记住这个语言独有的特性即可。

了解了上面这些内容之后，基本上就算是初步掌握了一门语言。不过，一开始我们可能不够熟练，写几行代码就得去参考相关的文档和示例代码，写得很慢，但可以保证写出来的代码是符合规范性和正确性的。剩下的就交给时间，通过大量练习和应用，逐步练熟直到精通。

所以，停下来，去思考，积点成势，构建自己的知识结构，是技术能力提升的捷径。

## 洞见技术的本质

如果我们能够不断地积累，思考，再积累，再思考，那么不仅我们自身的技术能力提升会非常快，反复地总结和思考也会在无形中逐渐提升我们的思考能力。

随着我们的知识体系越来越完备，总结和思考的能力越来越强大，看清一项新技术的本质和原理就会越来越容易，这一点对于我们快速学习一些新的技术有非常大的帮助。当你有一种学习任何技术都很轻松的感觉时，那么恭喜你，你已经完成了技术上的升华和蜕变。

不过，在这里我要泼一下冷水。那种很轻松就能学会一项新技术的感觉其实只是个错觉，为什么这么说呢？因为技术的原理，或者说本质，本来就是很简单的，并不是我们有多厉害。真正复杂和难的是工程实践中的细节。比如，汽车发动机的原理大家都知道，即汽油燃烧热胀冷缩推动活塞做功。但是，世界上真正能造出可靠、耐用的汽车发动机的公司并不多，原因就是仅掌握原理是不够的，还要解决很多复杂的工程问题。

看清一项技术的原理，有利于我们快速学习这项技术，但要想达到精通并熟练应用的地步，还是要沉下心来，深入学习、研究、使用和总结，这个功夫是少不了的。

以上这些就是我对个人技术能力提升的一点感悟。其实这些道理并不高深，只有当你能够做到，并且将这些道理变成自己的信条时，你才真正拥有了它。

最后，祝你享受成长，学有所成。

# 推荐阅读

华为数据之道
ENTERPRISE
DATA
AT
HUAWEI
华为数据之道

华为数字化转型之道
华为
数字化转型之道
ENTERPRISE
DIGITAL
TRANSFORMATION
AT
HUAWEI
华为企业架构与变革管理部 著

LEAN DATA
METHODOLOGY
DATA-DRIVEN DIGITAL TRANSFORMATION
精益数据
方法论
数据驱动的数字化转型

一本书讲透
数据治理
战略、方法、工具与实践
DATA GOVERNANCE

企业架构驱动
数字化转型
以架构为中心的端到端转型方法论
机械工业出版社

O'REILLY
数字化
转型
企业破局的34个锦囊
DIGITAL
TRANSFORMATION
GAME PLAN

Pearson
EDGE
价值驱动的
数字化转型
VALUE-DRIVEN
DIGITAL
TRANSFORMATION
机械工业出版社

DIGITAL
TRANSFORMATION
MODE AND
INNOVATION
数字化转型
模式与创新
从数字化企业到产业互联网平台
机械工业出版社

数字化转型的道与术
以平台思维为核心支撑企业战略可持续发展

# 推荐阅读

数据中台
让数据用起来
DATA MIDDLE OFFICE
MAKE DATA VALUABLE

云原生数据中台
架构、方法论与实践
CLOUD NATIVE DATA MIDDLE PLATFORM

中台实践
数字化转型方法论与解决方案

数字化转型方法论
落地路径与数据中台
马晓东 著
DIGITAL
TRANSFORMATION METHODOLOGY

建模
数字化转型思维
Modeling
The Thinking of Digitalization Transformation

数字化
THE DIGITAL THINKING
思维
传统企业数字化转型指南

汽车企业数字化转型
认知与实现

营销数字化
MARKETING DIGITALIZATION
一路向C，构建企业级营销与增长体系

运维数字化转型
构建四位一体的数字化运维体系
DIGITIZATION TRANSFORMATION OF IT OPERATION